上海市优质工程（结构工程）创优手册

上海市工程建设质量管理协会　编

图书在版编目（CIP）数据

上海市优质工程（结构工程）创优手册 / 上海市工程建设质量管理协会编. -- 上海：同济大学出版社，2021.10

ISBN 978-7-5608-9948-0

Ⅰ. ①上… Ⅱ. ①上… Ⅲ. ①建筑结构—结构工程—工程项目管理—上海—手册 Ⅳ. ①TU3-62

中国版本图书馆CIP数据核字（2021）第205522号

上海市优质工程（结构工程）创优手册

上海市工程建设质量管理协会　编

责任编辑　高晓辉　翁　晗　　责任校对　徐春莲　　封面设计　陈益平

出版发行　同济大学出版社　www.tongjipress.com.cn

（地址：上海市四平路 1239 号　邮编：200092　电话：021-65985622）

经　　销　全国各地新华书店

印　　刷　启东市人民印刷有限公司

开　　本　710mm × 1000mm　1/16

印　　张　10

字　　数　200 000

版　　次　2021 年 10 月第 1 版　　2021 年 10 月第 1 次印刷

书　　号　ISBN 978-7-5608-9948-0

定　　价　70.00 元

编 委 会

前　言

上海市优质工程（结构工程）创建活动起始于1997年，伴随着上海市日新月异的城市建设至今开展了二十五个春秋，已经成为本市工程质量管理的一项品牌活动。工程创优，符合国家进入新时代高质量发展要求，也是企业永恒的追求。面对新形势新要求，我们要把人民群众对高品质建设工程的需求作为根本出发点和落脚点。而围绕结构安全性能所开展的创优活动，显得尤为重要，其意义不仅在于确保了结构安全这个工程质量的关键核心，更是推动了企业质量管理体系的不断优化和施工工艺水平的持续提升，进而培育了一大批优秀的项目管理团队和施工技术管理人才，引领了行业的持续健康发展，起到了“结构创优、引领行业”的积极作用。

为进一步明确创优管理方向，更好地服务和指导企业创优，在《上海市建设工程结构创优手册》（2014年出版）的基础上，上海市工程建设质量管理协会本着公开透明、与时俱进的理念，结合近年来上海市开展优质结构活动新的实践，组织重新编写形成了《上海市优质工程（结构工程）创优手册》（2021年出版）（以下简称“2021版手册”）。2021版手册完善了申报条件，强化了管理要求，体现了过程控制、程序控制的指导思想，在鼓励创优的同时也明确了宁缺勿滥的标准底线，是多年来上海市建设工程创优工作规范化建设的工作成果。

当前上海积极响应长三角区域一体化发展的国家战略，深入贯彻落实《中共中央 国务院关于开展质量提升行动的指导意见》，着力落实新发展理念，推动高质量发展，创造高品质工程，希望我们企业能在历史机遇期锐意进取、不懈努力，多创优质工程、精品工程，为上海市工程质量的提高，为社会的和谐稳定，作出新的更大的贡献。在此，向参与编写的各位专家致以诚挚的感谢。

编　者

2021年8月

目 录

第一篇　评审组织及管理

第一章　总则

第一条　上海市优质工程（结构工程）（以下简称“市优质结构”），是上海市建设工程结构质量的市级最高荣誉，是国家级奖项（鲁班奖、国优奖）、上海市优质工程（白玉兰奖、品质工程）的前置组成环节。

第二条　上海市工程建设质量管理协会（以下简称“市工程质量协会”）负责“市优质结构”的日常评审工作，包括组建上海市优质结构工程评审委员会（以下简称“评委会”）、制定评审标准、组织现场推荐检查、评审、开展宣传、发文公布入选名单、召开表彰大会等。

第三条　本办法适用于上海市辖区内新建、改建、扩建等房屋建筑结构工程、交通类结构工程、水务类结构工程的评选工作。

第四条　评选工作坚持科学、公开、公正、公平的原则，每年评选一次。评选工作不收取任何费用。

第五条　施工企业通过登录市工程质量协会网站“www.gczlsh.com”了解相关资讯，登录优质结构网上申报平台“http://yzjg.gczlsh.com”向市工程质量协会申报具备条件的工程。

第二章　评选工程范围

第六条　评选工程范围如下：

（一）房屋建筑（须含地基与基础分部）结构工程

以单位工程为申报单元，每个申报单元建筑面积在5 000m^{2}及以上。

（二）交通类结构工程

每个申报单元结构工作量在2 000万元及以上。根据中标通知书及施工合同的内容区分申报主体、划分申报单元：

（1）同一标段中连续的高架道路工程，其主线和匝道合为一个申报单元。

（2）每座大型立交、独立桥梁、特大型桥梁的主桥可为一个申报单元。

（3）轨交每区间、每座轨交车站为一个申报单元。

（4）车行隧道每条为一个申报单元。

（5）市域铁路每区间、每座车站（大型出入口、大型风井风亭）为一个申报单元。

（三）水务类结构工程

每个申报单元结构工作量在3 000万元及以上。根据中标通知书及施工合同的内容区分申报主体、划分申报单元（涉及结构工程），包括水利工程、给排水工程、防汛墙及护岸工程、海塘围涂及圈围工程。

第三章 申报条件

第七条 建设工程总承包或施工总承包单位为“市优质结构”申报主体。

第八条 申报工程应严格遵守国家及上海市基本建设程序和建筑建材业现行法律法规及政策、相关规范标准，必须严格按图施工。

第九条 申报工程实行创优目标管理，施工单位在开工前应制定创优目标计划与措施。

第十条 装配式工程所用构件应为市工程质量协会构件专委会颁布的合格供应商名录（房屋建筑类A级，交通类、水务类AA级、A级）中构件企业的产品。

第十一条 施工单位应注重施工过程质量控制，提供第三方质量评价机构出具的施工过程质量评价报告。

第十二条 申报工程获得“四新技术应用示范工程”称号、“四新技术”成果鉴定证书（科技评价）、QC（Quality Control，质量控制）成果等，可作为工程特色得分。

第十三条 工程开工至主体结构完成未发生重大质量事故，未被政府部门、相关主管部门对质量方面通报批评。

第十四条 工程开工至主体结构完成未发生因工死亡安全事故，未被政府部门、相关主管部门对安全生产方面通报批评。

第十五条 主体结构工程必须全部完成，在市优质结构工作组检查前，未经许可不得进行任何装饰；钢结构工程不得进行防火喷涂。住宅工程室内宜完成粉刷灰饼留设，室外完成粉刷大角，迎水面模板螺杆洞应封闭。

第十六条 申报工程必须经建设、设计、监理单位确认，由质量监督机构推荐。

第十七条 桥梁和高架道路工程申报时应按施工图完成桥面混凝土铺装层、防撞墙伸缩缝嵌填等工序，未经许可不能进行防水施工、沥青摊铺。

第十八条　交通类、水务类结构工程应在铺轨、装饰、内防腐、通水施工之前进行申报。

第四章　申报程序及报送资料

第十九条　申报程序分为预申报和检查申报。

（一）预申报

（1）申报单位于创优目标工程开工前即登录优质结构网上申报平台（http://yzjg.gczlsh.com）提交预申报信息；同时将预申报信息抄送至相应的质量监督机构进行报备。

（2）管理大口预申报工作分两次进行汇总，申报单位于1月10日前，将本企业全年创优目标工程向管理大口提交汇总信息，6月20~30日期间将下半年度需增加申报的工程再次提交，管理大口于1月、6月将预申报汇总清单盖章后提交协会备案。

（3）申报单位应严肃认真做好预申报工作，做好创优目标控制和过程控制，未经预申报的项目原则上不受理推荐检查。凡预申报项数与参评项目数之差大于10%以上的，对其下一年度的创优申报参评项目数量予以相应比例限制。

（二）检查申报

（1）工程在申报市优质结构推荐检查前，须经参建方对主要的分部分项（桩基、基础、主体结构）进行验收并达到合格标准。《分项、分部工程质量验收证明》作为现场质保条件的检查内容。按规定分阶段申报的项目，须提供分阶段验收证明文件。

（2）申报工程中含有民防工程的，应经上海市民防建设工程安全质量监督站检查符合要求。

（3）申报截止时间为每周一中午12时前，检查时间为每周三或周四（特殊情况除外）。

第二十条　分阶段申报条件如下。

（一）建筑类

（1）18层（含）以上的建筑类工程；

（2）建筑面积30 000m^{2}以上的建筑类工程；

（3）不能一次申报的特殊工程。

（二）交通类

（1）盾构隧道的联络通道；

（2）地铁车站的出入口或联络通道；
（3）高架桥梁匝道；
（4）不能一次性申报的特殊工程。
（三）水务类
不能一次性申报的特殊工程。
主体工程施工前应有分阶段创优计划，且明确分阶段范围，原则上每个工程划分不多于 3 个阶段。

第二十一条　申报资料的内容、申报流程及要求如下。
（一）申报资料
网上申报后，申报单位下载以下资料并签字、加盖公章，在现场检查前提交至市工程质量协会：
（1）上海市优质结构申报表（附录 A–1）；
（2）上海市优质结构创优简介（附录 A–2）；
（3）上海市优质结构推荐检查告知承诺书（附录 A–3）；
（4）中标通知书及中标通知书附件（如中标通知书无附件或附件内单位工程划分表述不明确，则需提供单位工程划分表）；
（5）施工过程质量评价报告；
（6）工程地理位置图。
（二）申报流程及须知
1. 预申报资料的提交
预申报流程图，如图 1–1 所示。请使用谷歌浏览器进入优质结构网上申报平台（http://yzjg.gczlsh.com），并按照以下步骤进行平台资料的提交：
（1）点击“申报单位”下拉菜单中的“预申报列表”，如图 1–2 所示；
（2）点击“新增预申报”，如图 1–3 所示；
（3）按操作手册进行信息录入，如图 1–4 所示；
（4）确认信息无误后点击提交。
2. 正式申报资料的提交（书面资料及平台资料的提交）
1）书面资料的提交
申报单位将以下申报资料打印后，签字并加盖公章。在现场检查前将以下申报资料提交协会推荐检查工作组：
（1）上海市优质结构申报表；
（2）上海市优质结构创优简介；
（3）上海市优质结构推荐检查告知承诺书；

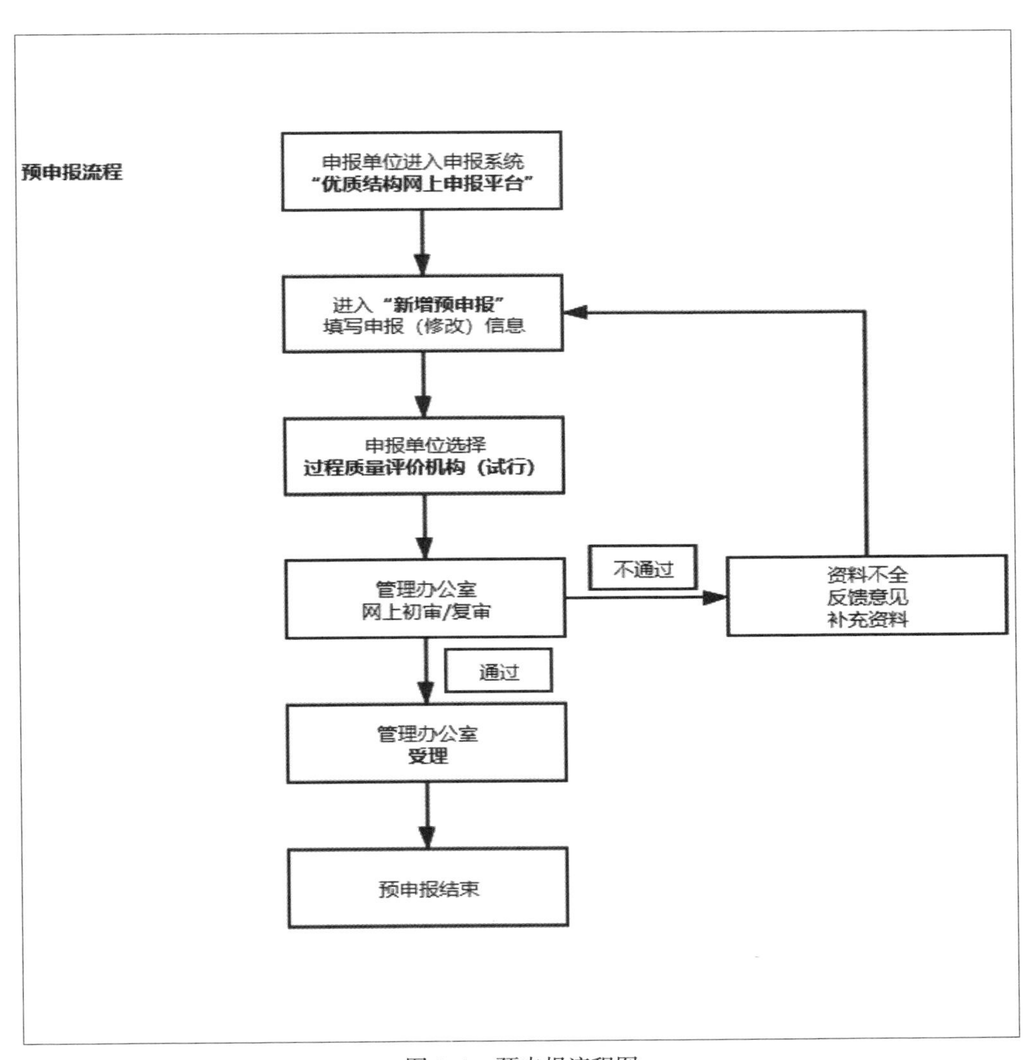
预申报流程
申报单位进入申报系统
“优质结构网上申报平台”
进入“新增预申报”
填写申报（修改）信息
申报单位选择
过程质量评价机构（试行）
管理办公室
网上初审/复审
不通过
资料不全
反馈意见
补充资料
通过
管理办公室
受理
预申报结束

图 1-1 预申报流程图

图 1–2　预申报列表界面

图 1–3　新增预申报界面

一、项目概况

* 报建编号 请输入报建编号　* 项目名称

* 参评单体数量　* 单体总数

* 总建筑面积(平方米)　* 总工程造价(万元)

二、工程概况

管理大口名称 其他区属　企业性质名称 本地国企

* 工程类别　* 所在行政区域

* 建筑类型

建筑高度(米)　必填 * 申报单位工程

* 参评工程造价(万元)　* 参评建筑面积(m²)

* 单体预制率　* 目前施工进度

* 是否属于重大工程 ○是 ⊙否 年份 请输入重大工程年份　* 第三方机构 第三方机构(测试专用)

* 工程地理位置　* 分阶段验收次数 0

* 阶段1　* 拟检查时间1 示例：2019-10

阶段2　拟检查时间2 示例：2019-10

阶段3　拟检查时间3 示例：2019-10

* 公司联系人及职务　* 公司联系人电话

* 项目联系人及职务　* 项目联系人电话

* 工程简介内容

必填

三、本工程参建方及监督机构

* 建设单位 项目负责人 电话

* 勘察单位 项目负责人 电话

* 设计单位 项目负责人 电话

* 施工单位 项目负责人 电话

* PC深化设计单位 项目负责人 电话

* 预制构件生产单位 项目负责人 电话

* 审图机构 项目负责人 电话

* 监理单位 项目负责人 电话

检测单位 项目负责人 电话

* 受监机构

四、本工程关键施工节点情况（填写3-5个关键施工节点，关键施工节点需做好书面、影像记录，施工过程中进行随机抽查）

* 关键施工节点 计划实施时间

* 关键施工节点 计划实施时间

* 关键施工节点 计划实施时间

关键施工节点 计划实施时间

关键施工节点 计划实施时间

五、本工程拟创国家及市级奖项情况

请输入内容

预申报状态 待提交　预申报时间 2021-05-05 18:27:47

申报单位 测试账号　是否申请单位可以修改 否

保存　作废　提交

图 1–4　预申报信息录入界面

（4）中标通知书及通知书附件的复印件；

（5）工程地理位置图（必须清楚标明工地大门及会议室位置；注明公司名称、标段名称以及两位联系人姓名、职务及联系电话）。

2）平台资料的提交

正式申报流程图如图 1–5 所示。

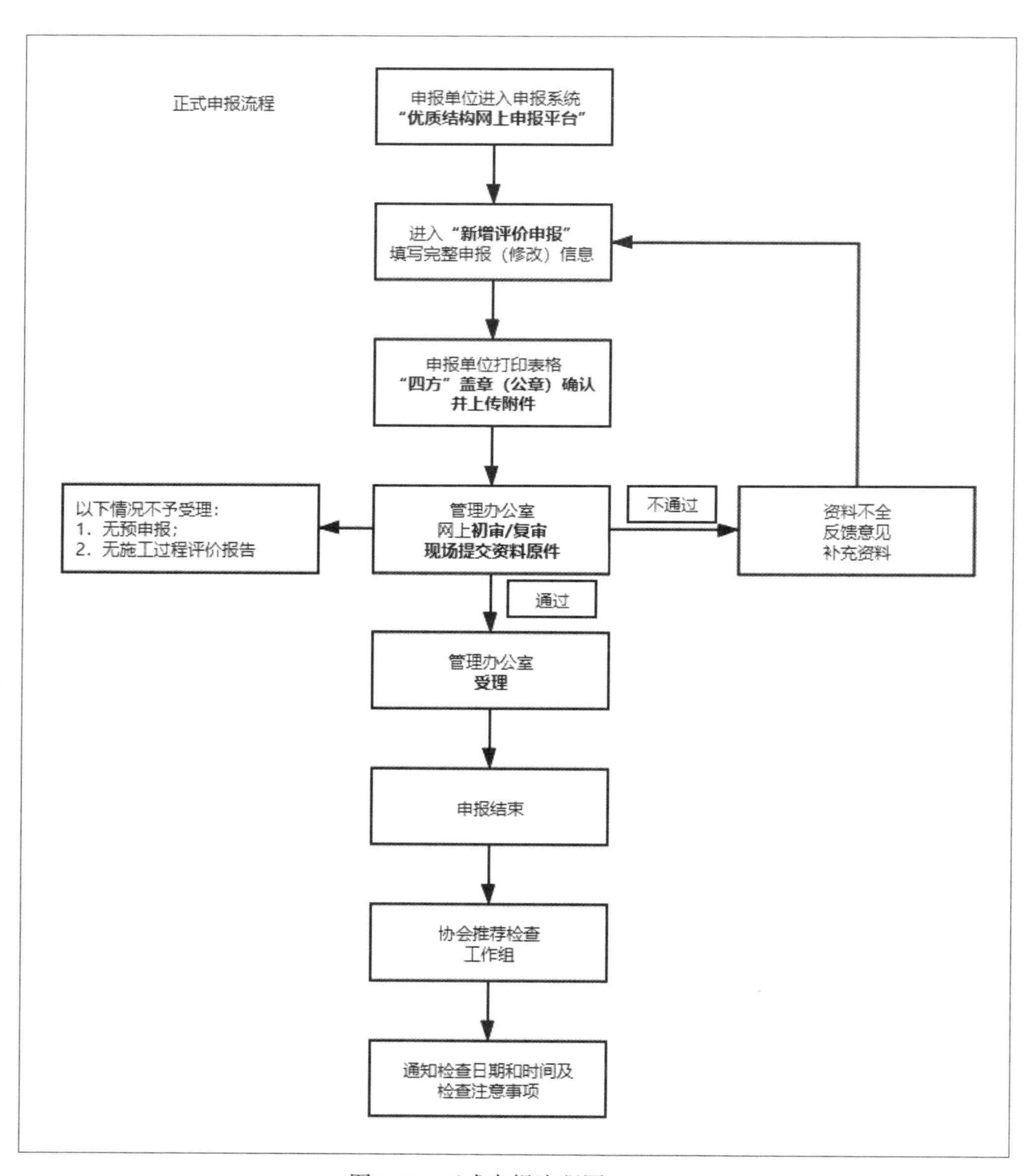

图 1–5　正式申报流程图

进入优质结构项目网上申报平台，并按照以下步骤进行平台资料的提交：

（1）点击“申报单位”下拉菜单中的“正式申报列表”，如图 1–6 所示；

（2）点击“新增评价申报”，如图 1–7 所示；

图 1–6　正式申报列表界面

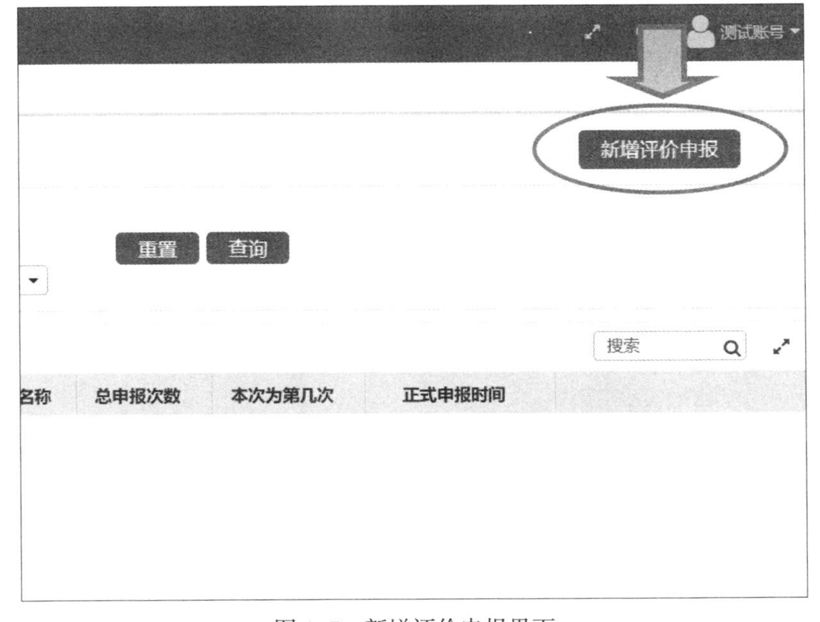

图 1–7　新增评价申报界面

（3）选取项目，提交，如图 1-8 所示；

（4）按操作手册进行信息录入（根据建筑类型选择对应的信息），并上传附件，如图 1-9 至图 1-11 所示；

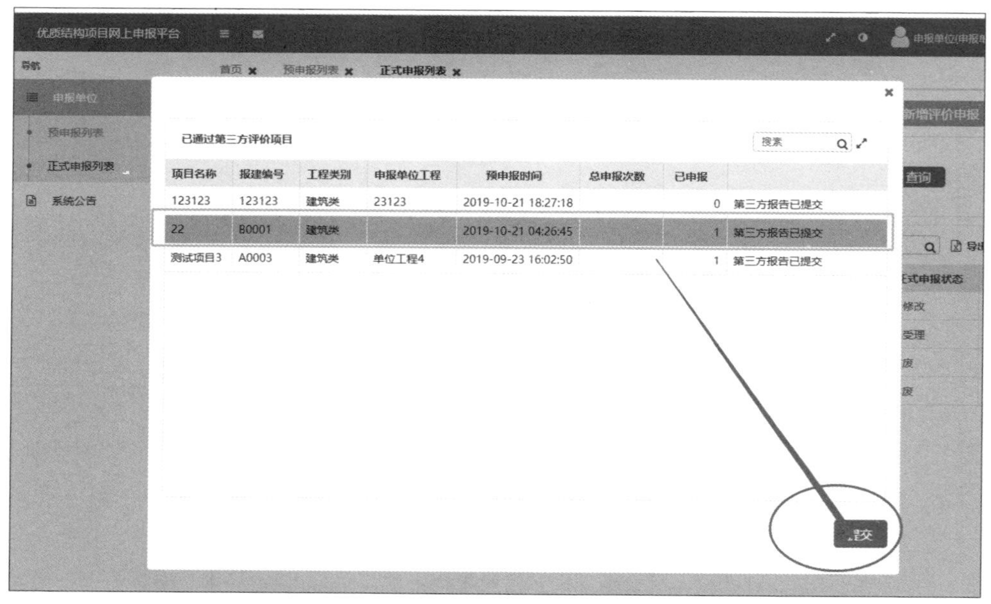

图 1-8　新增评价申报提交界面

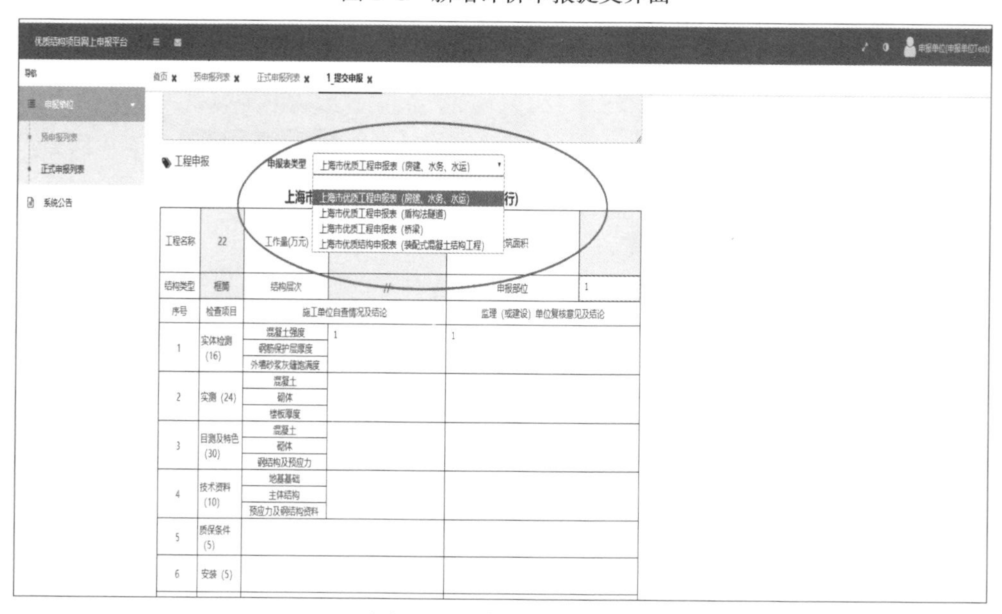

图 1-9　选择申报表界面

首页　预申报列表　正式申报列表　2_创优简介

申报单位

预申报列表

正式申报列表

系统公告

打印并上传附件

创优简介类型　上海市房建工程结构创优简介

上海市房建工程结构创优简介
上海市交通类工程结构创优简介
上海市水务工程结构创优简介
上海市水运工程结构创优简介
上海市装配式混凝土结构工程创优简介

优质项目申

程结构创优简介（试行）

一、工程概况

项目名称　22　，建筑面积

结构类型　框筒　，地上共　层，地下共　层。本工程分

次申报，本次为第　0　次，　本次申报范围　1　；本次检查范围内有否获准进行过装饰

，装饰楼层及部位为　。开工日期　。

工程桩类型　数量分别为　根，桩身质量检测分别为

根，占总桩数　，生产单位　，供应量

万米，检测方法为　；桩承载力检测共　根，站总桩数　%，检测方法

。地下防水等级为　级。

结构混凝土设计强度：柱　示例：C40（B2-5F）、C35(6F-10F)

墙　示例：C40（B2-5F）、C35(6F-10F)

图 1–10　选择创优简介界面

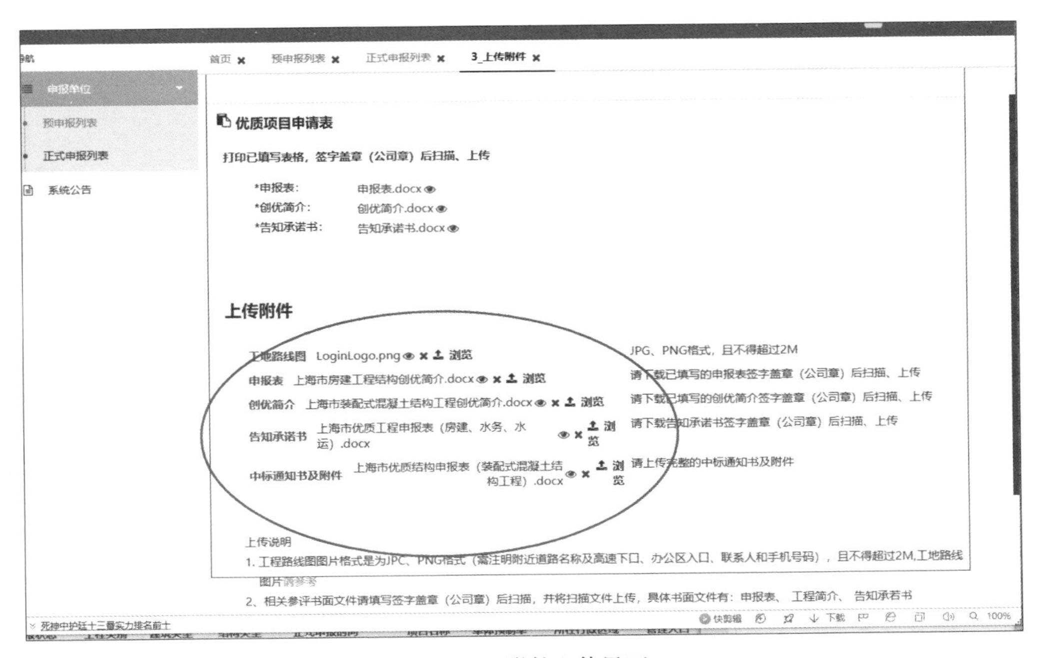

图 1–11　附件上传界面

（5）确认信息无误后点击提交。

注：申报表、创优简介、承诺书、中标通知书及通知书附件，使用PDF格式上传；工程地理位置图用图片格式上传。

如有情况说明或申请等文件，需与创优简介整合成一个PDF文件进行上传。

3. 相关表格及文件下载

（1）进入优质结构网上申报平台（http://yzjg.gczlsh.com）首页，在系统公告中进入相关公告进行下载，如图1–12所示。

（2）进入上海市工程建设质量管理协会官网（http://www.gczlsh.com）的优质结构栏目，进行下载，如图1–13所示。

图1–12　优质结构网上申报平台首页

图1–13　上海市工程建设质量管理协会官网首页

第五章　工程评审

第二十二条　市工程质量协会成立由本会领导和有关方面专家组成的评委会负责评审工作，评委会设主任一名、副主任若干名。评委会成员自协会专家库选取。

第二十三条　评审委员会下设创优管理办公室，受理企业申报、负责对推荐检查申报资料的核查，组建专家进行现场推荐检查，汇总形成书面推荐检查意见等。

第二十四条　现场推荐检查流程及内容具体如下。

（一）现场检查流程

（1）申报企业介绍工程概况及创优特色。

（2）听取建设单位和监理单位对工程质量的评价。

（3）重申检查告知承诺事项。

（4）抽取检查部位（层次、轴线部位）；安排检查工作，分现场质保条件、实测、检测、目测观感、质控资料、安全及安装七个方面进行检查。

（二）现场检查内容

1. 检查内容

工程现场质保条件、实测、检测、目测观感、质控资料、安全、安装等检查内容按照《上海市建设工程结构创优手册》相关标准实施。

2. 检测

（1）混凝土强度：每单位工程在混凝土龄期≥600℃·d且最接近600℃·d的部位中随机抽取构件，所抽构件应均匀分布。应优先选择承重柱、梁、墙、板类构件。

（2）钢筋保护层厚度：对于房建工程，每个单位工程随机选取一个楼层，从中抽取构件进行钢筋保护层厚度检测。应优先选择悬挑构件。对于其他工程随机抽取构件进行钢筋保护层厚度检测。

（3）根据随机确定的部位抽查墙体拉结筋是否按设计要求进行通长配置。

（4）现场填写原始记录，原始记录上应注明检测的部位和区域，填写完毕后由检测人员和复核人员进行签字确认。

（5）现场检测结果为不合格的，应当场书面通知申报单位。

第二十五条　上海市优质结构工程每年评审一次，评委会根据施工过程质量评价情况、现场推荐检查情况，最终以无记名投票方式确定入选工程。

第二十六条　工程质量监督机构结合抽巡查、行政处罚等工程监管情况，在评审阶段对涉及结构质量问题的工程可行使否决权。

第二十七条　市工程质量协会根据评审结果进行网上公示，公示期为15个工作日，并将评审结果抄送市建设行政主管部门。

第二篇 推荐检查内容

第六章 基本规定

各专业工程在达到现行质量验收标准的基础上，尚应对不同专业涉及的以下内容进行检查打分。各类工程标准得分为100分，具体分配如表2–1所示。

表2–1 分值分配表

序号	名称	建筑类		交通类	水务类	
		房建工程（含钢结构）	装配式工程	桥梁工程 地下结构 水运工程	水利	给排水
1	现场质保条件	5	5	5	5	5
2	实测	24	22	25	27	25
3	检测	16	16	12	15	12
4	目测观感	27	24	35	25	35
5	质控资料	10	15	15	15	15
6	安全	10	10	5	10	5
7	安装	5	5	/	/	/
8	工程特色	3	3	3	3	3
合计		100分				

申报工程总得分率必须大于或等于85%，且检查内容中不存在否决项目，否则不予推荐。

工程特色得分中的四新技术的推广应用参照上海市公布的“四新技术推介清单”，建筑业10项新技术的推广应用参照中华人民共和国住房和城乡建设部公布的《建筑业10项新技术》，以及由评审委员会确定的得分项。

第七章　建筑类工程

第一节　现场质量保证条件

一、房建工程（含钢结构）

（一）检查标准

1. 施工组织设计及施工方案

（1）审批手续完备，创优方案单独编制。

（2）质量验收按《建筑工程施工质量验收统一标准》（GB 50300）进行划分。

2. 材料管理

（1）材料台账制作与工程实际进度应相符。

（2）材料台账与现场材料质量说明书应一致。

（3）建筑材料贮存环境和周期应符合材料的产品要求，对有防雨、防潮要求的应有相应措施。

（4）试块制作记录、同条件试块养护记录完整。

（5）取样员、见证员、试块送样管理制度完善，并切实执行。

（6）结构验收时应提供第三方检测单位的建设工程检测报告确认证明。

3. 测量仪器及计量器具设置

（1）现场配备应满足施工组织设计（方案）要求，满足使用功能和精度要求。

（2）校验周期准时，检定证书齐全，实物与证书相符。

（3）应专人使用，专人保管。

4. 施工现场标准养护室设置和管理

（1）标准养护室的管理制度健全。

（2）养护室面积和养护池大小应根据工程规模与养护试块数量而确定，并符合有关规定，且有保温隔热及恒温装置。

（3）养护室、养护池温度控制在（20±2）℃范围内，混凝土试块相对湿度为95%以上，砂浆试块相对湿度为90%以上。水中养护采用温度为（20±2）℃不流动的Ca（OH）$_2$饱和溶液，水面应高于试块表面20mm。

（4）养护室配置冷热空调、温度计、湿度计，温度、湿度由专人每天记录不少于两次（上、下午至少各一次）。

5. 建材进场验收

进场主要建筑材料、构配件和设备必须按规程进行验收，并有质量证明材料；未经验收或验收不合格的工程材料、构配件、设备等不得在工程上使用。

6. 其他检查

永久水准点和沉降观测点的设置应符合规范及设计要求，沉降观测记录完整。

（二）否决项

取样员、见证员、试块送样管理不符合要求为否决项。

（三）得分计算

（1）质保条件应得分，满分为5分；

（2）施工组织设计及施工方案符合规定，得1分；

（3）材料管理情况符合规定，得1分；

（4）测量仪器及计量器具符合规定，得1分；

（5）施工现场标准养护室设置和管理符合规定，得1分；

（6）永久水准点和沉降观测点的设置均符合规范及设计要求，得1分。

（四）检查评分表

采用“附录B–1　建筑表一（现场质保条件）”进行评分。

二、装配式混凝土结构工程

（一）检查标准

1. 施工组织设计、施工方案

（1）审批手续完备，创优方案需单独编制。

（2）质量验收按统一标准进行划分。

（3）装配式混凝土结构工程施工实施深化施工设计制度；运输道路、堆场加固、构件堆放架体、构件吊点、施工设施设备附墙、附着设施等涉及工程结构安全的方案应由设计单位核定。

2. 材料管理

（1）材料台账制作与工程实际进度应相符。

（2）材料台账与现场材料质量说明书应一致。

（3）建筑材料贮存环境和周期应符合材料的产品要求，对有防雨、防潮要求的应有相应措施。

（4）预制构件堆放场地应平整、坚实，并有排水措施；堆放架应具有足够的承载力和刚度，预埋吊件应朝上，标识宜朝向堆垛间的通道。

（5）试块制作记录、同条件试块养护记录完整。

（6）取样员、见证员、试块试件送样管理制度完善，并切实执行。

（7）结构验收时，应提供第三方检测单位的建设工程检测报告确认证明。

（8）进场主要建筑材料、构配件和设备必须按规程进行验收，并有质量证明材料；未经验收或验收不合格的工程材料、构配件、设备等不得在工程上使用。

3. 测量仪器及计量器具设置

（1）现场配备应满足施工组织设计（方案）要求，满足使用功能和精度要求。

（2）校验周期准时，检定证书齐全，实物与证书相符。

（3）应专人使用，专人保管。

4. 施工现场标准养护室设置和管理

（1）标准养护室的管理制度健全。

（2）养护室面积和养护池大小应根据工程规模与养护试块数量而确定，并符合有关规定，且有保温隔热及恒温装置。

（3）室内养护：室内温度控制在（20 ± 2）℃范围内，混凝土试块相对湿度为95%以上，砂浆试块相对湿度为90%以上。水中养护采用温度为（20 ± 2）℃不流动的 $Ca(OH)_2$ 饱和溶液，水面应高于试块表面20mm。灌浆料试块养护室的温度应为（20 ± 1）℃，相对湿度为90%以上，养护水温度应为（20 ± 1）℃。

（4）养护室配置冷热空调、温度计、湿度计，温度、湿度由专人每天记录不少于两次（上、下午至少各一次）。

5. 其他检查

（1）钢筋套筒灌浆连接施工实行灌浆令制度，由施工单位负责人和总监理工程师同时签发，施工单位应明确专职检验人员，对钢筋套筒灌浆施工进行监督并记录，还需进行全过程视频拍摄，监理人员旁站监督并进行旁站记录，灌浆应饱满、密实。

（2）永久水准点和沉降观测点的设置应符合规范及设计要求，沉降观测记录完整。

（3）检验批，分项、分部工程质量验收符合验收规范规定，签名签章手续完备。

（二）否决项

取样员、见证员、试块送样管理不符合要求为否决项。

（三）得分计算

（1）质保条件应得分，满分为5分。

（2）施工组织设计及施工方案符合规定，得1分。

（3）材料管理情况符合规定，得1分。

（4）测量仪器及计量器具符合规定，得1分。

（5）施工现场标准养护室设置和管理符合规定，得1分。

（6）永久水准点和沉降观测点的设置均符合规范及设计要求，得1分。

（四）检查评分表

采用“附录 C-1　建筑表一（现场质保条件）”进行评分。

第二节　实测数据

一、房建工程（含钢结构）

（一）检查标准

1. 混凝土

（1）柱、墙垂直度：$H \leqslant 6$m，允许偏差 5mm；$H > 6$m，允许偏差 10mm（2m 靠尺或经纬仪）。

（2）表面平整度：允许偏差 8mm（2m 靠尺和楔形塞尺）。

（3）截面尺寸（柱、梁、板、墙）：允许偏差 −5~+8mm。

（4）门窗洞口宽度：允许偏差 ±5mm。

2. 砌体

（1）每层垂直度：$H \leqslant 3$m，允许偏差 5mm；$H > 3$m，允许偏差 10mm（2m 靠尺或经纬仪）。

（2）混水墙、柱表面平整度：允许偏差 8mm；清水墙、柱表面平整度：允许偏差 5mm；填充墙表面平整度：允许偏差 8mm；砂加气砌块允许偏差为 ±6mm（2m 靠尺和楔形塞尺）。

（3）10 皮砖砌体水平灰缝厚度：允许偏差 ±8mm（加气混凝土砌块、混凝土小砌块：3~5 皮）。

（4）门窗洞口宽度（后塞口）：允许偏差 ±5mm。

3. 混凝土楼板厚度

现浇板厚度：允许偏差 −5~+8mm。

（二）否决项目

（1）混凝土实测合格率小于 90%；

（2）砌体实测合格率小于 90%，承重墙垂直度实测合格率小于 100%；

（3）混凝土现浇板厚度实测合格率小于 90%，偏差值大于 1.5 倍允许偏差值。

（三）检查数量

（1）每个工程实测点不少于 120 点；当建筑面积大于或等于 10 000m^2，适当增加实测点数。

（2）混凝土现浇板厚度：每个工程不少于 20 点。

（四）得分计算

（1）实测应得分，满分为 24 分。

（2）砌体实测应得分为 10 分：合格率 90% 得 9 分；每增加 1%，增加 0.1 分。

（3）混凝土实测应得分为 10 分：合格率 90% 得 9 分；每增加 1%，增加 0.1 分。

（4）混凝土现浇板厚度应得分为 4 分：合格率 90% 得 3 分；每增加 5%，增加 0.5 分。

（五）检查评分表

采用“附录 B–2　建筑表二（实测）”进行评分。

二、装配式混凝土结构工程

（一）检查标准

1. 混凝土

1）柱、墙垂直度

（1）现浇构件：$H \leqslant 6m$，允许偏差 5mm；$H > 6m$，允许偏差 10mm（2m 靠尺或经纬仪）。

（2）预制构件：柱、墙板安装后的高度，$H \leqslant 6m$，允许偏差 5mm；$H > 6m$，允许偏差 10mm（2m 靠尺或经纬仪）。

2）表面平整度

（1）现浇构件：允许偏差 8mm（2m 靠尺和楔形塞尺）。

（2）预制构件：楼板、梁、柱、墙板内表面平整度，允许偏差 5mm；墙板外表面平整度，允许偏差 3mm（2m 靠尺和楔形塞尺）。

3）截面尺寸

（1）现浇构件：柱、梁、板、墙允许偏差 –5~+8mm。

（2）预制构件：楼板、梁、柱、桁架长度：$L < 12m$，允许偏差 ±5mm；$12m \leqslant L < 18m$，允许偏差 ±10mm；$L \geqslant 18m$，允许偏差 ±20mm；墙板长度：±4mm。

（3）楼板、梁、柱、桁架宽度和高（厚）度允许偏差 ±5mm; 墙板宽度和高（厚）度：±4mm。

（4）门窗洞口宽度：允许偏差 ±5mm。

2. 砌体

（1）每层垂直度：$H \leqslant 3m$，允许偏差 5mm；$H > 3m$，允许偏差 10mm（2m 靠尺或经纬仪）。

（2）混水墙、柱表面平整度：允许偏差 8mm；清水墙、柱表面平整度：允许偏差 5mm；填充墙表面平整度：允许偏差 8mm；砂加气砌块允许偏差为 ±6mm（2m 靠尺和楔形塞尺）。

（3）10 皮砖砌体水平灰缝厚度：允许偏差 ±8mm（加气混凝土砌块、混凝土小砌块：3~5 皮）。

（4）门窗洞口宽度（后塞口）：允许偏差 ±5mm。

3. 混凝土楼板厚度

现浇板厚度：允许允许偏差 −5~+8mm。

（二）否决项目

（1）混凝土实测合格率小于 90%。

（2）砌体实测合格率小于 90%，承重墙垂直度实测合格率小于 100%。

（3）混凝土现浇板厚度实测合格率小于 90%，偏差值大于 1.5 倍允许偏差值。

（三）检查数量

（1）每个工程实测点不少于 120 点；当建筑面积大于或等于 10 000m^2，适当增加实测点数。

（2）混凝土现浇板厚度：每个工程不少于 20 点。

（四）得分计算

（1）实测应得分，满分为 22 分。

（2）砌体实测应得分为 8 分；合格率 90% 得 7.2 分，每增加 1%，增加 0.08 分。

（3）混凝土实测应得分为 10 分；合格率 90% 得 9 分，每增加 1%，增加 0.1 分。

（4）混凝土现浇板厚度应得分为 4 分；合格率 90% 得 3 分，每增加 5%，增加 0.5 分。

（五）检查评分表

采用“附录 C–2　建筑表二（实测）”进行评分。

第三节　检测

以下内容适用于房建工程（含钢结构）和装配式混凝土结构工程。

一、检查标准

（1）混凝土强度：回弹检测结果合格。

（2）板类构件钢筋的混凝土保护层厚度符合设计要求及《混凝土结构工程施工质量验收规范》（GB 50204）的规定，允许偏差为 −5~+8mm。

（3）梁类构件钢筋的混凝土保护层厚度符合设计要求及《混凝土结构工程施工质量验收规范》（GB 50204）的规定，允许偏差为 –7~+10mm。

（4）墙、柱类构件钢筋的混凝土保护层厚度符合设计要求及规定，允许偏差为 –5~+10mm。

（5）砌体灰缝砂浆饱满度：电钻钻缝发现砂浆不饱满或假缝（装头缝）者为不合格点。

（6）拉结筋是否按照设计要求通长配置。

二、否决项目

（1）混凝土强度未达到设计要求。

（2）梁或板类构件纵向受力钢筋保护层厚度的合格率小于 90%，或最大偏差值大于 1.5 倍允许偏差。

（3）砌体灰缝砂浆饱满度抽检合格率小于 90%。

（4）拉结筋未按照设计要求通长配置。

（5）灌浆密实度不合格。

三、检查数量

（1）混凝土强度：抽取 6 个构件进行混凝土抗压强度检测（重点抽查竖向受力构件）。

（2）钢筋保护层厚度：板和梁共抽取 5 个构件，每个构件抽查 10 个点（重点抽查悬挑结构受力钢筋保护层厚度）。

（3）混凝土墙、柱钢筋保护层厚度：共抽取 4 个构件（宜均匀抽取），每个构件抽 10 个点。

（4）砌体灰缝砂浆饱和度：随机抽查 20 个点（重点抽查外墙面竖向灰缝）。

（5）拉结筋通长配置：随机抽取 3 堵墙，测 6 根拉结筋。

（6）灌浆密实度检测抽取 6 个构件。

四、得分计算

（1）检测应得分，满分为 16 分。

（2）混凝土强度回弹检测、拉结筋通长配置，需都符合设计要求。

（3）板、梁钢筋保护层厚度应得分为 8 分，合格率 90% 得 6 分，每递增 1%，增加 0.2 分。

（4）墙、柱钢筋保护层厚度应得分为 4 分，每合格 1 个点，得 0.1 分。

（5）砌体灰缝砂浆饱满度检测应得分 4 分，合格率 90% 得 3 分，每增加 1%，增加 0.1 分。

五、检查评分表

房建工程（含钢结构）采用“附录 B–3　建筑表三（检测）”进行评分。

装配式混凝土结构工程采用“附录 C–3　建筑表三（检测）”进行评分。

第四节　目测观感

以下内容适用于房建工程（含钢结构）和装配式混凝土结构工程。

一、检查标准

（一）基本要求

混凝土及预制装配式构件应外光内实，棱角分明，表面平整，无明显施工冷缝，两种标号混凝土交界面施工冷缝节点正确；混凝土无蜂窝麻面、空洞、露筋及结构裂缝，无严重的掉角、剥落等缺陷，无明显修补痕迹，基本无收缩裂纹；墙体垂直平整，砌块组砌、错缝准确，灰缝饱满、横平竖直，块材无缺棱掉角，构造柱按设计与规范要求留设；钢结构板材表面无明显凹凸和损伤，边缘平直光洁，无毛刺、油污和铁锈；焊缝表面焊波均匀，无裂纹、未熔合、溢流、烧穿及超标的气孔、夹渣、咬肉等缺陷；高强螺栓连接节点摩擦面处理及施工安装应符合国家规范；钢结构构件几何尺寸符合设计图的要求。

（二）砌体

1. 块材

块材的尺寸偏差和外观质量，符合材料标准中相应等级品质要求；有裂纹（缝）的条面或顶面不砌于墙面。

2. 组砌

承重墙的转角处和混凝土小砌块砌体承重墙不留直槎，其他临时间断处的斜槎与直槎符合要求，填充墙中不同材质的块材无混砌现象（局部镶嵌除外）。

3. 错缝

砖砌体上下错缝，内外搭砌无通缝；单排孔混凝土小砌块对孔错缝搭砌，局部不能对孔处，搭接长度不小于 90mm；填充墙砌筑错缝搭砌，蒸压加气混凝土砌块搭砌长度不应小于砌块长度的 1/3。

4. 灰缝

砌体灰缝横平竖直，砂浆饱满，厚薄均匀；竖缝、水平灰缝等无瞎缝、透亮缝。

5. 填充墙砌筑

填充墙砌至接近梁、板底处，留置空隙适当，应符合设计图纸构造节点要求，镶砌严密；如采用混凝土填嵌的厚度应在30~50mm，且与梁、板结合紧密；填充墙采用加气砌块或轻骨料混凝土小砌块（砖）等块材砌筑时，墙底部浇筑混凝土导墙或砌筑普通混凝土小砌块（后者适用于上部为轻骨料混凝土小砌块）或混凝土砖，高度不小于200mm；厕、浴间及有防水要求的房间，墙底浇筑混凝土导墙，高度不小于200mm；屋面砌体底部应设混凝土导墙，导墙高度应大于屋面设计完成面以上250mm。

6. 构造柱、梁

构造柱、梁的设置符合设计要求和规范规定；构造柱留设位置正确，马牙槎先退后进；每一马牙槎高度不超过300mm；上下顺直；混凝土与墙体结合紧密，表面齐平。

7. 裂缝

无影响结构性能或使用功能的砌体裂缝，砌体无支模、剔槽、扰动、干缩等产生的裂缝；填充墙与框架周边交接处砂浆密实无缝隙。

（三）混凝土及预制装配式构件

1. 露筋

无钢筋未被混凝土包裹而外露的缺陷。

2. 蜂窝

无混凝土表面缺少水泥砂浆而露出石子深度大于5mm，但小于保护层厚度的缺陷。

3. 孔洞

无孔穴深度和长度均超过保护层厚度的缺陷。

4. 缝隙、夹渣

无夹有杂物深度超过保护层厚度的缺陷。

5. 裂缝

无缝隙从表面延伸至混凝土内部的缺陷。

6. 外形缺陷

无缺棱掉角、棱角不直、翘曲不平、飞边凸肋等外形缺陷，地坪无明显缺陷。

7. 外表缺陷

无外表麻面、掉皮、起砂、沾污等外表缺陷；墙板、平台板等部位混凝土浇筑施工冷缝长度不应大于3m，且不超过5处；因竖向构件混凝土浇筑时无保护措施，导致混凝土随意洒落、流淌造成平台板底混凝土明显色差，不应超过5处。

8. 尺寸与偏位

无构件及连接部位、预留孔洞、预埋件的尺寸或位置不准的缺陷。

9. 修补

无修补、打凿、打磨等现象。

（四）钢结构

1. 焊缝

焊缝表面无裂纹、焊瘤，一、二级焊缝表面无气孔、夹渣、弧坑裂纹、电弧擦伤，一级焊缝无咬边、未焊满、根部收缩。

2. 高强螺栓或紧固件

高强螺栓节点，摩擦面处理应符合规范要求；高强螺栓梅花头拧掉；高强螺栓丝扣外露符合规范要求。

3. 构件表面

钢材表面无凹陷或损伤母材，焊接球表面无明显波纹。

4. 涂装

涂层厚薄均匀，无漏涂；无起壳脱皮、钢构件返锈。

5. 压形板

压形板铺设平整，搁置尺寸符合规范要求。

（五）装配式结构

（1）预制构件应在明显部位标明生产单位、构件型号、生产日期、使用部位，构件上的预埋件、预设筋和预留孔洞的规格、位置和数量应符合设计的要求。

（2）键槽的深度不宜小于30mm，宽度不宜小于深度的3倍且不宜大于深度的10倍；键槽可贯通界面，当不贯通时槽口距离截面边缘不宜小于50mm；键槽间距等于键槽宽度；键槽端部斜面倾角不宜大于30°　。

（3）预制构件的外观质量不应有严重缺陷。

（4）预制构件安装线盒宜预埋。

（5）预制构件与结构之间的连接应符合设计要求，构件与构件之间宜现浇连接。

（6）预制构件竖向拼缝宽度不宜小于15mm、水平缝不宜小于10mm。

（7）宽度大于1 500mm或多于5个出浆孔的构件灌浆仓应设置分仓，每个出浆孔应按顺序编号。

（8）灌浆操作人员必须持证上岗，全过程应拍摄视频，视频拍摄以一个构件的灌浆为段落，宜定点连续拍摄；视频内容包括灌浆施工人员、专职检验人员、旁站监理人员、灌浆部位、预制构件编号、套筒顺序编号、灌浆出浆完成等情况；视频文件应按楼栋编号分类归档保存，文件名包含楼栋号、楼层数、轴线、预制构件编号。

（六）其他

1. 渗漏

外墙、地下室、刚性屋面无渗水痕迹。

2. 清洁

楼地面无积浆和垃圾，柱、墙面等无挂浆。

二、否决项目

（一）砌体

（1）承重墙使用断裂小砌块超过 5 块。

（2）承重墙的转角与混凝土小砌块砌体承重墙留直槎。

（3）砌体灰缝透明缝、瞎缝数量多达 3 条。

（4）影响结构性能和使用性能的砌体裂缝。

（5）墙体砌筑前未排版，出现蒸压加气块小于砌块搭接长度的 1/3，或板底、梁底加气砌块小于砌块高度的 1/3 的现象，超过 10 处。

（二）混凝土及预制装配式构件

（1）纵向受力钢筋外露。

（2）构件主要受力部位有蜂窝、孔洞、夹渣和疏松的缺陷。

（3）构件主要受力部位有影响结构性能和使用功能的裂缝。

（4）构件及连接部位、预留孔、预埋件等，尺寸和位置不准，影响结构性能和设备安装。

（5）进行大量的修补、打凿、打磨。

（6）不同标号混凝土交界面施工节点无技术方案或未按技术方案执行。

（7）预埋件材质不符合设计图纸要求，如不采用镀锌的埋件未按要求做防腐处理。

（8）混凝土地坪存在明显的表面平整缺陷。

（三）钢结构

（1）焊缝外形不够饱满，焊道过渡不够平滑，焊缝有咬边，焊渣和飞溅物未清除干净。

（2）高强螺栓梅花头未拧掉或外露不足。

（3）栓钉栓焊一圈不均匀，打弯检测时脱落。

（4）钢结构表面未处理，锈蚀、麻点、伤母材或划痕明显。

（5）涂层不够均匀，有少量皱皮、流坠、针眼或起泡。

（6）压形板铺设不平整，有明显漏浆，搁置尺寸不符合规范要求。

（四）装配式结构

（1）预制构件竖向拼缝宽度小于 15mm，或大于设计图纸要求允许偏差的 1.5 倍。

（2）预制构件水平拼缝厚度小于 10mm，或不符合设计要求。

（五）其他

屋面、外墙、地下室等有渗漏点，渗水痕迹超过 3 处，或漏水超过 1 处。

三、检查数量

地下室、顶层、屋面必查；除此次以外再抽查不少于 10% 的楼层。

四、得分计算

目测观感应得分满分，房建工程（含钢结构）为 27 分，装配式混凝土结构工程为 24 分。

五、检查评分表

房建工程（含钢结构）采用“附录 B–4　建筑表四（目测观感）”进行评分；装配式混凝土结构工程采用“附录 C–4　建筑表四（目测观感）”进行评分。

第五节　质量控制资料

一、房建工程（含钢结构）

（一）检查标准

1. 地基与基础

1）原材料出厂合格证书及进场检（试）验报告

现场所用主要原材料，如钢材、预拌砂浆、商品混凝土、成品桩等，有出厂合格证书及按要求提供的进场检验报告；检验不合格的材料应有完善的后续处理措施；需降级使用的材料，应满足设计要求，并有审批手续；合格证、检（试）验报告的抄件（复印件）注明原件存放单位，并有抄件人、抄件（复印）单位的签字和盖章。

2）桩位竣工图

桩位竣工图标注桩（试桩）编号、沉桩后轴线和标高偏差情况及处理意见；桩位竣工图除加盖竣工章外，还应有建设、勘察、设计、监理、施工单位签章。

3）地基（桩）承载力及桩身质量试验报告

（1）地基强度或承载力必须达到设计要求的标准。

（2）工程桩有承载力检验和桩身质量试验报告，检测方法和数量应符合设计及规范要求。

（3）钢桩连接有焊缝探伤记录。

4）地基验槽记录

基槽（坑）开挖有勘察、设计、建设、监理、施工单位签署的地基验槽记录。

5）试块抗压强度评定记录及抗渗试验报告

（1）混凝土、砌筑砂浆试块的留置组数符合规范规定。

（2）对混凝土、砌筑砂浆试块的强度进行统计评定，其结果符合设计要求。

（3）标准养护试块强度不得大于设计强度的 180%。

（4）混凝土抗渗试块的留置、评定结果符合设计及规范的规定。

6）地下室防水效果检查记录

地下室防水效果检验结果满足设计规定的防水等级。

7）检验批，分项、分部工程质量验收及隐蔽工程验收

检验批，分项、分部工程质量验收及隐蔽工程验收应符合验收规范规定，签章手续完备。

2. 主体结构

1）混凝土、砖体工程

（1）原材料出厂合格证书及进场检（试）验报告

现场所用主要原材料，如钢材、预拌砂浆、商品混凝土等，有出厂合格证书及按要求提供的进场检验报告；检验不合格的材料应有完善的后续处理措施；需降级使用的材料，应满足设计要求，并有审批手续；合格证、检（试）验报告的抄件（复印件）注明原件存放单位，并有抄件人、抄件（复印）单位的签字和盖章。

（2）蒸压(养)砖、砌块砌筑时龄期

蒸压（养）砖、普通混凝土小型空心砌块、轻骨料混凝土小型空心砌块及蒸压加气混凝土砌块等，砌筑时的产品龄期达到 28 天以上。

（3）钢筋接头试验报告

① 纵向受力钢筋的连接方式符合设计要求。

② 钢筋焊接有接头试件力学性能试验报告，报告应注明焊接方法、焊工姓名

及岗位证书编号；闪光对焊、气压焊接应提供弯曲试验报告。

③ 钢筋机械连接接头按性能等级和应用场合所做的检验报告。

（4）试块抗压报告及强度评定记录

① 混凝土、砌筑砂浆试块的留置组数符合规范规定；

② 对混凝土、砌筑砂浆试块的强度进行统计评定，其结果符合设计要求；

③ 标准养护试块强度不得大于设计强度的 180%。

（5）混凝土结构实体检验

混凝土结构实体检验应提供混凝土强度、钢筋保护层厚度等实体检验资料，检验数量和结果应符合验收规范的规定。

（6）预应力结构

① 预应力筋、锚具、夹具和连接器等出厂合格证书和进场检验报告；

② 预应力筋张拉或放张时，同条件养护混凝土试块强度试验报告；

③ 张拉和放张记录；

④ 灌孔水泥浆试块强度试验报告；

⑤ 张拉设备的标定记录。

2）钢结构工程

（1）原材料及成品出厂合格证书及进场检（试）验报告

① 钢结构所用钢材、焊接材料及成品件、标准件等产品的出厂合格证书；

② 高强度大六角头螺栓连接副的扭矩系数、扭剪型高强度螺栓连接副的预应力、焊接球焊缝的无损检验等应有出厂检验报告；

③ 重要钢结构采用的焊接材料及有关钢材的进场检（试）验报告；

④ 建筑结构安全等级为一级，跨度 40 m 及以上的螺栓球节点钢网架结构，其连接高强度螺栓应进行表面硬度试验。

（2）钢结构焊接

① 焊工合格证及其认可范围、有效期；

② 首次采用的钢材、焊接材料、焊接方法、焊后热处理等所作的焊接工艺评定记录；

③ 设计要求全焊透的一、二级焊缝的超声波或射线探伤记录。

（3）紧固件连接

① 钢结构制作和安装单位分别对高强度螺栓连接摩擦面所做的抗滑移系数试验和复验报告，现场处理的构件摩擦面单独进行的摩擦面抗滑移系数试验报告；

② 高强度螺栓连接附终拧扭矩检验记录。

（4）钢网架结构安装

① 对建筑结构安全等级为一级，跨度为 40 m 及以上的公共建筑钢网架结构，当设计有要求时，所作的焊接、螺栓球节点拉、压承载力试验报告；

② 钢网架挠度测量记录。

（5）检验批，分项、分部工程质量验收及隐蔽工程验收

检验批，分项、分部工程质量验收及隐蔽工程验收符合验收规范规定，签章手续完备。

（二）否决项目

（1）涉及工程结构安全的资料存有弄虚作假，无法保证工程质量真实情况。

（2）由于种种原因导致混凝土构件几何尺寸变化，进行结构加固补强，桩基完整性报告中一类桩低于 80% 或出现三、四类桩或受力构件混凝土强度评定不合格的工程。

（3）上海市建设用砂（砂氯离子含量、混凝土拌合物氯离子含量）未按《关于加强本市建设用砂管理的暂行意见》（沪建建材联〔2020〕81 号）执行。

（三）得分计算

质控资料应得分，满分为 10 分。

（四）检查评分表

采用“附录 B-5　建筑表五（质控资料）”进行评分。

二、装配式混凝土结构工程

（一）检查标准

1. 地基与基础

1）原材料出厂合格证书及进场检（试）验报告

现场所用主要原材料，如钢材、预拌砂浆、商品混凝土、成品桩等，有出厂合格证书及按要求提供的进场检验报告；检验不合格的材料应有完善的后续处理措施；需降级使用的材料，应满足设计要求，并有审批手续；合格证、检（试）验报告的抄件（复印件）注明原件存放单位，并有抄件人、抄件（复印）单位的签字和盖章。

2）桩位竣工图

桩位竣工图标注桩（试桩）编号，沉桩后轴线和标高偏差情况及处理意见；桩位竣工图除加盖竣工章外，还应有建设、勘察、设计、监理、施工单位签章。

3）地基（桩）承载力及桩身质量试验报告

（1）地基强度或承载力必须达到设计要求的标准；

（2）工程桩有承载力检验和桩身质量试验报告，检测方法和数量应符合设计及规范要求；

（3）钢桩连接有焊缝探伤记录。

4）地基验槽记录

基槽（坑）开挖有勘察、设计、建设、监理、施工单位签署的地基验槽记录。

5）试块抗压强度评定记录及抗渗试验报告

（1）混凝土、砌筑砂浆试块的留置组数符合规范规定；

（2）对混凝土、砌筑砂浆试块的强度进行统计评定，其结果符合设计要求；

（3）标养试块强度不得大于设计强度的180%；

（4）混凝土抗渗试块的留置、评定结果符合设计及规范的规定。

6）地下室防水效果检查记录

地下室防水效果检验结果满足设计规定的防水等级。

7）检验批，分项、分部工程质量验收及隐蔽工程验收

检验批，分项、分部工程质量验收及隐蔽工程验收应符合验收规范规定，签章手续完备。

2. 现浇混凝土主体结构

1）原材料出厂合格证书及进场检（试）验报告

现场所用主要原材料，如钢材、预拌砂浆、黏结剂、墙体材料、商品混凝土等，有出厂合格证书及按要求提供的进场检验报告；检验不合格的材料应有完善的后续处理措施；需降级使用的材料，应满足设计要求，并有审批手续；合格证、检（试）验报告的抄件（复印件）注明原件存放单位，并有抄件人、抄件（复印）单位的签字和盖章。

2）蒸压(养)砖、砌块砌筑时龄期

蒸压（养）砖、普通混凝土小型空心砌块、轻骨料混凝土小型空心砌块及蒸压加气混凝土砌块等，砌筑时的产品龄期达到28天以上。

3）钢筋接头试验报告

（1）纵向受力钢筋的连接方式符合设计要求。

（2）钢筋焊接有接头试件力学性能试验报告，报告应注明焊接方法、焊工姓名及岗位证书编号；闪光对焊、气压焊接应提供弯曲试验报告。

（3）钢筋机械连接接头按性能等级和应用场合所做的检验报告。

4）试块抗压报告及强度评定记录

（1）混凝土、砌筑砂浆试块的留置组数符合规范规定。

（2）对混凝土、砌筑砂浆试块的强度进行统计评定，其结果符合设计要求。

（3）标养试块强度不得大于设计强度的 180%。

5）混凝土结构实体检验

混凝土结构应提供混凝土强度、纵向受力钢筋保护层厚度、钢筋保护层厚度等实体检验资料，检验数量和结果应符合验收规范的规定。

6）检验批，分项、分部工程质量验收及隐蔽工程验收

检验批，分项、分部工程质量验收及隐蔽工程验收应符合验收规范规定，签章手续完备。

3. 装配式混凝土主体结构

（1）现场所用主要原材料，如钢材、商品混凝土、波纹管、保温材料、门窗、紧固材料、灌浆料、坐浆料等，有出厂合格证书及按要求提供的进场检验报告；检验不合格的材料应有完善的后续处理措施；需降级使用的材料，应满足设计要求，并有审批手续；合格证、检（试）验报告的抄件（复印件）注明原件存放单位，并有抄件人、抄件（复印件）单位的签字和盖章。

（2）预制构件进场时，需要按批检查质量证明文件，并核对构件上的标识；需进行外观质量、尺寸偏差以及预埋件数量、位置等检查、记录，保证其符合现场装配要求。

（3）套筒进厂时，应抽取灌浆套筒检验外观质量、标识、尺寸偏差，检验结果应符合现行行业标准《钢筋连接用灌浆套筒》（JG/T 398）的规定；灌浆套筒连接应符合现行行业标准《钢筋套筒灌浆连接应用技术规程》（JGJ 355）的规定，应有符合要求的接头试件型式检验报告，并应在构件生产前进行接头工艺检验和接头抗拉强度检验。

（4）预制构件生产单位应当建立预制构件“生产首件验收”制度；以项目为单位，对同类型主要受力构件和异形构件的首个构件，由预制构件生产单位技术负责人组织相关单位人员验收，并按照规定留存相应的验收资料；验收合格后方可进行批量生产。

（5）灌浆料、剪力墙底部接缝坐浆材料试块的留置组数符合规范规定。

（6）灌浆施工前，应按照规定进行接头工艺检验和灌注质量以及接头抗拉强度的检验，经检验合格后，方可进行灌浆作业，灌浆套筒连接接头的检查数量符合规范规定。

（7）现场使用的产品与钢筋灌浆套筒连接型式检验报告中的接头类型，灌浆套筒规格、级别、尺寸，灌浆料型号等出现不一致时，应重新进行匹配试验。

（8）梁板类简支受弯预制构件或者设计有要求进行结构性能检验的，进场时应按照规范要求进行结构性能检验。

（9）装配式混凝土结构应选择具有代表性的单元进行试安装，试安装过程和方法应经监理（建设）单位认可。

（10）连接构造节点隐蔽验收符合验收规范规定，重点关注：混凝土粗糙面质量，键槽尺寸、数量、位置，钢筋连接方式、接头位置与数量、接头百分率、搭接长度、锚固方式及长度等，签名签章手续需完备。

（二）否决项目

（1）涉及工程结构安全的资料存有弄虚作假的情况，无法保证工程质量真实情况。

（2）由于种种原因导致混凝土构件几何尺寸变化，进行结构加固补强，一类桩低于 80% 或出现三、四类桩或受力构件混凝土强度评定不合格的工程。

（3）灌浆套筒试拉件不能满足规范要求、预制外墙没有构造处理的（防渗漏措施）资料。

（4）上海市建设用砂（砂氯离子含量、混凝土拌合物氯离子含量）未按《关于加强本市建设用砂管理的暂行意见》（沪建建材联〔2020〕81 号）执行。

（三）得分计算

质控资料应得分，满分为 15 分。

（四）检查评分表

采用“附录 C–5　建筑表五（质控资料）”进行评分。

第六节　安全防护

以下内容适用于房建工程（含钢结构）和装配式混凝土结构工程。

一、检查标准

（一）脚手架

（1）脚手架应按规范和专项施工方案进行搭设和设置拉结点，按要求设置剪刀撑，杆件质量满足规范要求，确保结构稳定性，并经过验收合格后使用。

（2）脚手架应每隔三步设置一道软隔离，悬挑脚手架底部应设置封闭式硬隔离，电梯井脚手架应每隔 2 层且不大于 10m 设置一道安全平网。

（3）脚手架外立面应设置密目式安全立网，并定期检查和清洁，保持安全网整洁和完好。

（4）脚手架应按规范要求设置脚手板，脚手板应固定牢固，交接处不得有缺漏。

（5）吊篮、附着式升降脚手架等工具式脚手架应严格按标准规范和专项方案进行设置并验收，并按要求设置限位和安全保护装置。

（二）防护设施

（1）涉及立体交叉作业的场所，包括人员进出通道口、塔吊回转范围内的通道、施工电梯地面梯笼出入口等，应设置防护棚或安全防护网等隔离措施，难以设置安全隔离措施的，应设置警戒隔离区。

（2）高处作业操作平台应设置防护栏杆，还应设置防倾覆措施。

（3）临边、洞口应按标准规范要求设置安全防护设施，提倡使用定型化防护设施。

（三）施工用电

（1）各类电箱应符合规范要求，严格按照“三级配电、两级保护”的要求设置接零、接地和漏电保护器，开关箱必须做到“一机、一闸、一漏、一箱”的要求。

（2）临时用电线缆应具有良好的绝缘措施，不得拖地、泡水，通过道路时应设置防碾压措施或架高通过，线缆架高时应有明显的警示标志。

（3）施工现场自然照明不足的场所，包括地下室、楼梯间等，应设置电气照明措施，提倡使用 LED 灯带等节能照明灯具。

（四）起重机械设备

（1）起重机械设备应按专项施工方案要求进行安装，并经验收合格后方可使用，并张贴验收合格牌、使用登记二维码等。

（2）起重机械设备应定期检查和维护保养，保持机械外观整洁完好，主要构件不得有锈蚀锈迹。

（3）起重机械设备的相关保险和限位装置应保持功能完好。

（4）起重机械设备的吊索具应定期检查，不得出现断丝、断股、严重磨损等情况。

（5）装配式吊装作业人员应持特种作业证件上岗。

（五）消防安全

（1）施工现场出入口及主要道路应满足消防车通行要求，出入口应设置不少于 2 处，只能设置 1 处的，应在现场内设置满足消防车通行的环形道路。

（2）施工现场应按规范设置灭火器、临时消防给水系统、应急照明灯等临时消防设施。

（3）在建工程的作业场所应有通畅的消防疏散通道，并设置明显的疏散指示标识。

（六）文明施工

（1）施工作业及主要道路应实施硬化处理，主要道路有良好排水措施，现场大门口应按规定设置具有三级沉淀功能的沉淀池。

（2）施工现场应按规定设置连续封闭的维护设施，与外界有效隔离。

（3）现场材料堆放整齐，砖和砌块等材料堆放高度在 2m 以下。

（4）施工现场与生活区、办公区有效分割，在建工程内禁止住人。

二、否决项目

工程发生导致人员死亡的生产安全事故或严重影响结构的火灾事故。

三、得分计算

安全防护应得分，满分为 10 分。

四、检查评分表

房建工程（含钢结构）采用“附录 B–6　建筑表六（安全防护）”进行评分。

装配式混凝土结构工程 采用“附录 C–6　建筑表六（安全防护）”进行评分。

第七节　安装

以下内容适用于房建工程（含钢结构）和装配式混凝土结构工程。

一、检查标准

（一）电线导管埋设要求

（1）在混凝土内埋设的电线导管与混凝土表面的距离大于 15mm，火灾报警系统及疏散照明线路的导管暗敷保护层厚度不小于 30mm。

（2）电线导管在墙体（砌体）上剔槽埋设时，应采用强度不小于 M10 的水泥砂浆抹面保护，保护层厚度不小于 15mm。

（二）电线导管配管要求

（1）按施工图纸要求和规范规定，确定预埋箱盒在墙体上的坐标。配管根据墙体上已确定箱盒的坐标，定出工程配管的具体尺寸，墙体剔槽应保持竖直，无斜槽、横槽。

（2）墙体上埋设的电线导管应安装完毕。

（3）金属导管无对口熔焊连接；镀锌导管和壁厚小于或等于 2mm 的焊接钢

导管应采用螺纹连接，不应采用套管熔焊连接。

（4）电线导管弯曲处，无折皱、凹陷和裂缝，且弯扁程度不小于外径的10%。电缆导管的弯曲半径不小于所穿电缆最小允许弯曲半径，如表 2–2 所示。

表 2–2　电缆最小允许弯曲半径

序号	电缆种类	最小允许弯曲半径
1	无铅包钢铠护套的橡皮绝缘电力电缆	10D
2	无钢铠护套的橡皮绝缘电力电缆	20D
3	聚氯乙烯绝缘电力电缆	10D
4	交联聚氯乙烯绝缘电力电缆	15D
5	多芯控制电缆	10D
注：D 为电缆外径。		

（5）预制板之间导管连接应可靠，无严重错位现象，金属导管应保证良好的电气连续性。

（三）预埋箱盒要求

（1）预埋在混凝土内的箱盒，固定时平整牢固，标高、坐标正确，与混凝土表面持平。箱盒内的填料清除干净，去除固定箱盒的圆钉；箱盒锈蚀，其内壁应刷防锈漆。

（2）在砌体内预埋的箱盒，其箱盒口突出部分与抹灰面持平，且箱盒口周边有护角。

（3）箱盒内管口应有保护措施，防止异物进入。

（4）预制板上预埋的同类功能箱盒的标高应一致，并符合设计要求。

（四）接地要求

（1）按施工图纸和规范要求埋设在混凝土和砌体结构内的保护导体（保护联结导体、保护接地导体、接地导体）、防雷接地等，扁钢和钢板应按施工图纸和规范要求埋设，并明显可见。

（2）等电位端子箱埋设的位置应符合设计要求。

（五）地下管线

无地下室的工程，± 0.000 以下的管线施工完毕，管道的连接端部应高出地面。

（六）预留洞口

在混凝土和砖墙内预埋金属套管和预留洞孔应位置正确，套管与洞的直径和套管的长度符合设计及规范要求。

二、否决项目

（1）违反强制性条文规定。

（2）所用材料不符合设计文件要求或使用了不合格材料。

（3）在结构中的电气导管、箱、盒等未按图纸要求施工完毕。

三、得分计算

安装应得分，满分为 5 分。

四、检查评分表

房建工程（含钢结构）采用“附录 B –7　建筑表七（安装）”进行评分。

装配式混凝土结构工程采用“附录 C–7　建筑表七（安装）”进行评分。

第八节　工程特色

以下内容适用于房建工程（含钢结构）和装配式混凝土结构工程。

一、检查标准

1. 建筑面积 30 000m^2 以上的工程，每增加 2 000m^2 可得 0.1 分，最高可得 2 分。

2. 获得协会 QC 成果，国家级（发布成果）得 1 分，国家级（交流成果）得 0.8 分；上海市（发布成果）得 0.5 分，上海市（交流成果）得 0.3 分。取最高的得分值，不重复计算。

3. 采用四新技术、建筑业 10 项新技术，并经评审认定的，每项得 0.5 分，最高可得 2 分。

4. 装配式结构灌浆饱满度经有资质的第三方检测，检测报告符合要求可加 0.2 分。

二、得分计算

以上得分之和在 3 分以内的，按实际计算；得分之和超过 3 分时，按 3 分计算。

三、检查评分表

房建工程（含钢结构）采用“附录 B–4　建筑表四（目测观感）”进行评分。

装配式混凝土结构工程采用“附录 C–4　建筑表四（目测观感）”进行评分。

第八章　交通类工程

第一节　现场质量保证条件

一、检查标准

（一）施工组织设计、专项施工方案

（1）专项施工方案项目应齐全，需进行专家评审的专项施工方案应组织专家评审。

（2）审批手续及签字齐全，施工单位技术负责人、监理单位总监审查签字手续齐全；创优（市优质结构创建）方案单独编制。

（3）专项施工方案技术交底实行分级交底制度，交底资料须本人签认。

（二）材料设备管理

1. 台账制作及时

材料台账制作应与工程实际进度及现场实际使用情况相符合。

2. 材料台账与工程相吻合

材料台账与现场材料的质量证明书一致，不得制作虚假台账。

3. 防雨、防潮措施

混凝土空心砌块、混凝土多孔砖、加气砌块等产品露天堆放应有防雨、防潮措施。

4. 检测报告确认证明

结构验收时应提供第三方检测单位的建设工程检测报告确认证明。

（三）测量管理

1. 工程测量控制资料

应有完整的工程测量控制点资料。

2. 测量仪器及计量器具

（1）标定、校准及时：在有效期内使用测量仪器及计量器具，检定证书齐全。

（2）精度符合工程实际要求：测量仪器及计量器具的精度符合工程实际要求。

（3）物证相符：测量仪器及计量器具的计量、校验证书与实物一致。

（4）建立计量仪器、设备相关管理台账及检测计划。

（四）施工现场标准养护室设置和管理

（1）标准养护室的管理制度健全。

（2）养护室面积和养护池大小应根据工程规模与养护试块数量而确定，并符合有关规定，且有保温隔热及恒温装置。

（3）养护室、养护池温度控制在（20±2）℃范围内，混凝土试块相对湿度为95%以上，砂浆试块相对湿度为90%以上；水中养护采用温度为（20±2）℃不流动的 $Ca(OH)_2$ 饱和溶液，水面应高于试块表面20mm。

（4）标准养护室配置冷热空调、温度计、湿度计、pH值检测工具、氢氧化钙；温度、湿度由专人每天记录两次（上、下午各一次），有标准养护室管理制度。

（5）砂浆、混凝土试块按规范标准制作，唯一性标识管理和使用符合要求。

（6）试块制作记录、同条件试块养护记录、无效试块报告记录、试块进出台账完整。

（五）建材进场验收情况

进场主要建筑材料、构配件和设备必须按规程进行验收，并有质量证明材料，未经验收或验收不合格的工程材料、构配件、设备等不得在工程上使用，需进场后进行见证取样送检的材料必须检测合格后方可使用。

（六）其他检查

（1）永久水准点和沉降观测点的设置应符合规范及设计要求，不得制作虚假测量资料。

（2）钢筋套筒灌浆连接施工实行灌浆令制度，由施工单位负责人和总监理工程师同时签发，施工单位应明确专职检验人员，对钢筋套筒灌浆施工进行监督并记录，还需进行全过程视频拍摄，监理人员旁站监督并进行旁站记录，灌浆应饱满、密实。

二、否决项目

（1）取样员、见证员制度不完善；

（2）试块管理制度不完善。

三、得分计算

（1）质保条件应得分，满分为5分；

（2）施工组织设计及施工方案符合规定，得1分；

（3）材料管理情况符合规定，得1分；

（4）测量仪器及计量器具符合规定，得1分；

（5）施工现场标准养护室设置和管理符合规定，得1分；

（6）永久水准点和沉降观测点的设置符合规范及设计要求，得1分。

四、检查评分表

采用“附录 D–1　交通表一（现场质保条件）”进行评分。

第二节　实测数据

一、桥梁工程

（一）检查标准

（1）车行道净宽：允许偏差 ± 10mm。

（2）人行道净宽：允许偏差 ± 10mm。

（3）立柱垂直度：允许偏差小于或等于 0.2*H*%，且小于或等于 15mm。

（4）立柱平整度：允许偏差 5mm（2m 靠尺或经纬仪）；预制混凝土柱，允许偏差 3mm。

（5）立柱断面尺寸：允许偏差 ± 5mm。

（二）否决项目

（1）车行道净宽、人行道净宽实测合格率小于 100%。

（2）其余项平均实测合格率小于 90%。

（三）检查数量

车行道净宽、人行道净宽抽取 10 个断面；立柱垂直度、立柱平整度、立柱断面尺寸抽取 25 个构件，每个构件不少于 4 点。

（四）得分计算

（1）实测应得分，满分为 25 分。

（2）车行道净宽、人行道净宽：得分为 15 分。

（3）立柱垂直度、平整度、断面尺寸：得分为 10 分，合格率 90% 得基准分 8 分，每增加 1% 加 0.2 分。

（五）检查评分表

采用“附录 D–2　交通类表二（实测）”进行评分。

二、地下结构（盾构法隧道、顶管、顶入式地道箱涵）

（一）检查标准

1. 盾构法隧道

（1）衬砌环环内错台：地铁隧道允许偏差小于或等于 10mm，公路隧道允许偏差小于或等于 12mm，市政隧道允许偏差小于或等于 15mm。

（2）衬砌环环间错台：地铁隧道允许偏差小于或等于 15mm，公路隧道允许偏差小于或等于 17mm，市政隧道允许偏差小于或等于 20mm。

2. 顶管

（1）钢筋混凝土 / 钢管节张开量应满足设计计算值；

（2）钢管椭圆度允许偏差值小于或等于 1/100D。

3. 顶入式地道箱涵

相邻两节高差小于或等于 50mm。

（二）否决项目

（1）盾构法隧道管片拼装实测合格率小于 95%。

（2）顶管合格率小于 90%。

（3）顶入式地道箱涵顶进合格率小于 90%。

（三）检查数量

盾构法隧道抽取不少于 25 环，每环 4 点；顶管、顶入式地道箱涵顶进抽取不少于 20 节。

（四）得分计算

（1）实测应得分，满分为 25 分；

（2）合格率满足要求得基准分 22 分，盾构法隧道实测合格率每增加 1% 加 0.3 分，顶管和顶入式箱涵实测合格率每增加 1% 加 0.3 分。

（五）检查评分表

采用“附录 D–2　交通表二（实测）”进行评分。

三、地下结构［地下车站、明（暗）挖隧道、下立交］

（一）检查标准

1. 混凝土构件

（1）垂直度（柱、墙）：允许偏差小于或等于 8mm（2m 靠尺或经纬仪）。

（2）表面平整度：允许偏差小于或等于 8mm（2m 靠尺和楔形塞尺）。

（3）截面尺寸（柱、梁、墙、离壁沟）：允许偏差 –5~+8mm。

（4）预留孔洞中心位移：允许偏差小于或等于 8mm。

（5）自动扶梯预留宽度：允许偏差小于或等于 10mm。

（6）站台板到侧墙距离：允许偏差小于或等于 15mm。

2. 砌体结构

（1）每层垂直度：允许偏差 ±5mm（2m 靠尺或经纬仪）。

（2）混水墙表面平整度：允许偏差 ±8mm；砂加气砌块允许偏差为 ±6mm（2m 靠尺和楔形塞尺）。

（3）10 皮砖砌体水平灰缝厚度：允许偏差 ±8mm（加气混凝土砌块、混凝土小砌块：3~5 皮）。

（二）否决项目

（1）混凝土构件平均实测合格率小于 90%。

（2）站台板到侧墙距离实测合格率小于 100%。

（3）砌体实测合格率小于 90%。

（三）检查数量

总点数不少于 80 点。抽取立柱不少于 5 个，每个不少于 4 个测点；抽取侧墙不少于 20 点；自动扶梯预留孔洞全数检查。

（四）得分计算

（1）实测应得分，满分为 25 分。

（2）混凝土结构实测应得分为 20 分，合格率 90% 得基准分 18 分，每增加 1% 加 0.2 分。

（3）砌体结构实测应得分为 5 分，合格率 90% 得基准分 4 分，每增加 1% 加 0.1 分。

（五）检查评分表

采用“附录 D-2　交通表二（实测）”进行评分。

四、水运工程

（一）检查标准

1. 平整度

（1）码头现浇混凝土墙身顶面（重力式）、现浇接缝和接头表面（高桩）：允许偏差小于或等于 10mm。

（2）船坞现浇坞墙墙面、船坞与船台滑道主体：允许偏差小于或等于 10mm。

（3）现浇混凝土挡墙（坞墙）：允许偏差，顶面小于或等于 6mm，墙面小于或等于 10mm。

（4）码头混凝土面层：允许偏差小于或等于 6mm。

（5）船闸现浇混凝土闸墙顶面：允许偏差小于或等于 6mm。

（6）道路、堆场混凝土面层：允许偏差，道路小于或等于 5mm，堆场小于或等于 6mm。

2. 高差

（1）道路、堆场混凝土面层相邻板块顶面高差：允许偏差小于或等于 3mm。

（2）现浇面层纵缝、横缝：允许偏差小于或等于 5mm。

3. 错台

（1）船坞现浇坞墙墙面相邻段表面：允许偏差小于或等于 10mm。

（2）现浇混凝土挡墙相邻段：允许偏差小于或等于 10mm。

（二）否决项目

各项实测点合格率低于 90%。

（三）检查数量

各类构件、部件或关键部位抽测不少于 3 件或 3 处。

（四）得分计算

（1）实测应得分，满分为 25 分。

（2）平整度：得分为 5 分，合格率 90% 得基准分 4.5 分，每增加 1% 加 0.05 分。

（3）高差：得分为 10 分，合格率 90% 得基准分 9 分，每增加 1% 加 0.1 分。

（4）错台：得分为 10 分，合格率 90% 得基准分 9 分，每增加 1% 加 0.1 分。

（五）检查评分表

采用“附录 D-2　交通表二（实测）”进行评分。

第三节　检测

一、检测标准

（1）混凝土强度：回弹仪检测，应全部合格。

（2）钢筋保护层厚度：保护层检测仪检测，允许偏差尺寸，墩、台 ±10mm；梁、柱（建筑）-7~+10mm；板、墙（站台板、OTE 风道）-5~+8mm。

（3）钢筋间距：便携式钢筋扫描仪检测，允许偏差尺寸，板类构件 -5~+8mm；梁类构件 -7~+10mm。

（4）盾构法隧道衬砌环椭圆度：地铁隧道偏差值小于或等于 ±6‰，公路隧道偏差值小于或等于 ±8‰，市政隧道偏差值小于或等于 ±8‰。

二、否决项目

（1）混凝土强度实测合格率小于 100%。

（2）梁或板类构件纵向受力钢筋保护层厚度的合格率小于 90%，或最大偏差值大于允许偏差 1.5 倍。

（3）梁或板类构件纵向受力钢筋间距的合格率小于 90%，或最大偏差值大于允许偏差 1.5 倍。

（4）盾构法隧道衬砌环椭圆度偏差值超过规范要求。

三、检测数量

（1）混凝土强度：抽取6个构件作回弹强度检测。

（2）钢筋保护层厚度：梁、板、柱、墙共抽取6个构件，每个构件抽查6个点（地下结构）。

（3）钢筋间距：梁、板、柱、墙共抽取6个构件，每个构件抽查6个点（地下结构）。

（4）盾构法隧道衬砌环椭圆度：抽取10环做全断面扫描。

四、得分计算

（1）检测应得分，满分为12分。

（2）混凝土强度，得分为4分；钢筋保护层厚度，得分为4分，合格率90%得基准分2分，每增加1%加0.2分；钢筋间距，得分为4分，合格率90%得基准分2分，每增加1%加0.2分。

（3）盾构法隧道应得分为12分。混凝土强度，得分为4分；钢筋保护层厚度，得分为3分，合格率90%得基准分1分，每增加1%加0.2分；钢筋间距，得分为3分，合格率90%得基准分1分，每增加1%加0.2分；衬砌环椭圆度得分为2分。

五、检查评分表

采用“附录D–3　交通表三（检测）”进行评分。

第四节　目测观感

一、桥梁工程

（一）检查标准

一般要求：桥梁的内外轮廓线应顺滑清晰，无突变、明显折变或反复现象，防撞护栏线形直顺美观。清水混凝土应外光内实，棱角分明，表面平整，无蜂窝麻面、空洞、露筋及结构裂缝，无严重的掉角、剥落等缺陷，无明显修补痕迹，基本无收缩裂纹。钢结构板材表面无明显凹凸和损伤，边缘平直光洁，无毛刺、油污和铁锈；焊缝表面焊波均匀，无裂纹、未熔合、溢流、烧穿及超标的气孔、夹渣、咬肉等缺陷。预制构件架设位置准确，相邻梁底高差小，铰缝混凝土饱满密实；

支座支承可靠、无松动，方向正确；伸缩缝缝面平整，锚固牢靠；不得有堵塞、渗漏、变形和开裂等现象。落水管畅通，桥面无积水现象。

1. 混凝土结构

（1）露筋。钢筋未被混凝土包裹而外露，每个缺陷计1处。

（2）蜂窝、孔洞、夹渣。蜂窝是指混凝土表面露出石子深度大于5mm的缺陷，面积超过200cm^{2}起计1处；孔洞是指孔穴深度超过保护层厚度的缺陷，每个缺陷计1处；夹渣是指渣层深度超过保护层厚度的缺陷，长度超过2cm起计1处。

（3）裂缝。无缝隙从表面延伸至混凝土内部的缺陷；桥梁防撞墙结构表面的非结构性裂缝，单侧每1 000m不应超过5处。

（4）外形缺陷。缺棱掉角、线角不直，每条计1处。

（5）外表缺陷。构件表面麻面、掉皮、起砂面积超过200cm^{2}起计1处。

（6）尺寸与偏位。构件连接部位、预留孔洞、预埋件的尺寸不准、偏位、变形等，每个缺陷计1处。

（7）修补。批嵌面积大于200cm^{2}起，计1处；剁凿、打磨面积大于600cm^{2}起计1处；每1 000m^{2}不应超过5处。

2. 钢结构

（1）焊缝无溢流、夹渣、咬肉、气孔、裂纹等缺陷；

（2）涂装无涂刷不均匀，无皱纹、流滴、缺漏、剥落返修等缺陷。

3. 其他

（1）防撞墙变形缝夹渣、漏嵌，宽度超标；

（2）相邻梁底高差偏大，梁缝间隙不均匀；

（3）支座铁件锈蚀；

（4）进水格栅位置不正；

（5）混凝土铺装层疏松起壳，疏松起壳面积超过200cm^{2}起计1处。

（二）否决项目

（1）混凝土结构：混凝土结构表面修补，每1 000m^{2}超过5处，或批嵌面一处超过1m^2，或剁凿、打磨面一处超过2m^2。

（2）防撞墙结构表面的非结构性裂缝，单侧每1 000m超过5处；设计不允许有裂缝的结构出现裂缝或裂缝宽度超过设计要求。

（3）钢结构：重要焊缝有严重咬肉等缺陷。

（4）当目测得分小于28分时，否决工程入选资格。

（三）检查数量

不少于总孔数的1/10，且不少于5孔，独立桥梁全数检查。

（四）得分计算

（1）目测观感应得分，满分为 35 分；

（2）详见检查评分表。

（五）检查评分表

采用“附录 D–4　交通表四（目测观感）”进行评分。

二、地下结构（盾构法隧道、顶管、顶入式地道箱涵）

（一）检查标准

1. 盾构法隧道

（1）混凝土管片外光内实、弧面平整、光洁，无缺棱、掉角和麻面、露筋；拼装后，管片无贯穿裂缝，无大于 0.2mm 宽的裂缝及混凝土剥落现象；环向及纵向螺栓全部穿进，螺母应拧紧。管片拼装接缝连接螺栓孔之间防水垫圈无漏放，无线流、滴漏和漏泥砂现象。管片十字缝应通顺，相邻管片的环缝与纵缝应垂直对齐，避免出现张角（两块管片端面接头缝在径向向外张开称为外张角，反之称为内张角）、喇叭（两块管片端面接头缝在纵向推进方向张开为前喇叭，反之称为后喇叭）、错台（前后两环管片内弧面的不平整度称为错台）过大等现象。

（2）相邻管片环向错台应不大于 15mm，相邻管片径向错台不大于 10mm，环纵缝张开量不大于 2mm。

（3）错缝拼装的管片为 T 字缝，相邻管片间的环缝应呈一条直线对齐，其他标准同通缝拼装的管片。

（4）井接头应与隧道管片连接紧密，无渗漏现象，外观应平整光滑，无蜂窝麻面及较大孔洞，无露筋，无大于 0.2mm 宽的裂缝及混凝土剥落现象。

（5）旁通道结构外观应平整光滑，无蜂窝麻面及较大孔洞，无大于 0.2mm 宽的裂缝及混凝土剥落现象，喇叭口、侧墙等结构表面无渗水；带泵站的旁通道中泵站盖板尺寸合理、铺设平整，泵站爬梯设置合理，泵站排水沟通畅。

2. 顶管

钢管表面无斑疤、裂缝、锈蚀；钢筋混凝土管外观不应有严重缺陷，顶管始发与接收洞口和管道接口应无渗漏泥水。

3. 顶入式地道箱涵

预制构件外观质量不应有一般缺陷，接口平顺无异常线形。

（二）否决项目

1. 管片及管片拼装

（1）每公里管片受损或作修补的缺陷累计超过 15 处；

（2）管片出现纵向受力裂缝；

（3）每公里隧道螺母终拧后螺栓丝扣未外露超过 10 处。

2. 隧道防水

（1）每 100 环隧道渗漏超过 3 处；

（2）每 100 环因堵漏作嵌缝（非设计指定的）超过 3 处。

3. 井接头

（1）单个井接头渗漏点超过 5 处；

（2）单个井接头有蜂窝麻面或较大孔洞，有露筋，有大于 0.2mm 宽的裂缝及混凝土剥落现象超过 5 处。

4. 旁通道

（1）单个旁通道湿渍 5 处以上，单个旁通道渗漏 1 处。

（2）单个旁通道有蜂窝麻面或较大孔洞，有露筋，有大于 0.2mm 宽的裂缝及混凝土剥落现象超过 5 处。

（3）单个泵站内有盖板尺寸偏小或超限、盖板铺设不平整、爬梯设置不合理，排水沟不通畅等缺陷超过 3 处。

5. 目测观感得分

当目测得分小于 28 分时，否决工程入选资格。

（三）检查数量

不少于 300 环。

（四）得分计算

（1）目测观感应得分，满分为 35 分。

（2）详见检查评分表。

（五）检查评分表

采用“附录 D-4　交通表四（目测观感）”进行评分。

三、地下结构［地下车站、明（暗）挖隧道、下立交］

（一）检查标准

基本要求：混凝土应平整、光洁、密实，无蜂窝麻面、空洞、露筋现象；无明显施工冷缝，两种标号混凝土交界面施工冷缝节点正确；施工缝设置符合设计要求；结构裂缝应控制在设计允许范围内；无线流、滴漏现象，顶板无湿渍。

1. 混凝土结构

（1）露筋：无钢筋未被混凝土包裹而外露的缺陷。

（2）蜂窝：无混凝土表面缺少水泥砂浆而露出石子深度大于 5mm，但小于保护层厚度的缺陷。

（3）孔洞：无孔穴深度和长度均超过保护层厚度的缺陷。

（4）缝隙、夹渣：无夹有杂物深度超过保护层厚度的缺陷。

（5）裂缝：无缝隙从表面延伸至混凝土内部的缺陷。侧墙、顶板等混凝土表面的非结构性裂缝，每 1 000m^2 不应超过 5 处。

（6）外形缺陷：无缺棱掉角、棱角不直、翘曲不平、飞边凸肋等外形缺陷。

（7）外表缺陷：无外表麻面、掉皮、起砂、沾污等外表缺陷；墙板、平台板等部位混凝土浇筑施工冷缝长度不应大于 3m，且不超过 5 处；因竖向构件混凝土浇筑时无保护措施，导致混凝土随意洒落、流淌造成平台板底混凝土明显色差，不应超过 5 处。

（8）尺寸与偏位：无构件及连接部位、预留孔洞、预埋件的尺寸或位置不准的缺陷。

（9）修补：无修补、打凿、打磨等现象。批嵌面积大于 200cm^2 起计 1 处；剁凿、打磨面积大于 600cm^2 起计 1 处；每 1 000m^2 不应超过 5 处（注：混凝土爆模未处理，按剁凿、打磨缺陷计）。

（10）接缝处理：施工缝、模板拼缝、钢支撑接头等位置处理到位，表面平整，无明显色差。

2. 砌体结构

（1）块材：块材的尺寸偏差和外观质量，符合材料标准中相应等级品质要求；不得使用有裂纹（缝）的条面或顶面。

（2）错缝：砖砌体上下错缝，内外搭砌无通缝；单排孔混凝土小砌块对孔错缝搭砌，局部不能对孔处，搭接长度不小于 90mm；填充墙砌筑错缝搭砌，蒸压加气混凝土砌块搭砌长度不应小于砌块长度的 1/3。

（3）灰缝：砌体灰缝横平竖直，砂浆饱满，厚薄均匀；竖缝、水平灰缝等无瞎缝、透明缝。

（4）构造柱、梁：设置符合设计要求和规范规定；构造柱留设位置正确，马牙槎先退后进；每一马牙槎高度不超过 300mm；上下顺直；混凝土与墙体结合紧密，表面齐平。

（5）裂缝：无影响结构性能或使用功能的砌体裂缝，砌体无支模、剔槽、扰动、干缩等产生的裂缝，填充墙与框架周边交接处砂浆密实无缝隙。

3. 防水

结构表面无湿渍。

（二）否决项目

1. 混凝土结构

（1）非主筋外露超过 6 处或主筋露筋；

（2）蜂窝超过 6 处；

（3）孔洞超过 3 处或任一处孔洞深度超过截面尺寸 1/3；

（4）缝隙、夹渣层超过 3 处；

（5）侧墙、顶板等混凝土表面的非结构性裂缝，每 1 000m^2 超过 5 处；设计不允许有裂缝的结构构件出现裂缝；

（6）外形缺陷超过 10 处；

（7）外表缺陷超过 10 处；

（8）尺寸与偏位缺陷超过 6 处；

（9）混凝土结构表面修补，每 1 000m^2 超过 5 处，或批嵌面一处超过 1m^2，或剁凿、打磨面一处超过 2m^2；

（10）不同标号混凝土交界面施工节点无技术方案或未按技术方案执行；

（11）混凝土地坪存在明显平整度不足的缺陷超过 3 处。

2. 砌体结构

（1）承重墙使用断裂小砌块超过 5 块；

（2）砌体灰缝透明缝、瞎缝数量多达 3 条；

（3）影响结构性能和使用性能的砌体裂缝。

3. 防水

（1）湿渍超过 3 处；

（2）结构有滴漏、线流水。

4. 目测观感得分

当目测得分小于 28 分时，否决工程入选资格。

（三）检查数量

每层检查。

（四）得分计算

（1）目测观感应得分，满分为 35 分。

（2）详见检查评分表。

（五）检查评分表

采用“附录 D–4　交通表四（目测观感）”进行评分。

四、水运工程

（一）检查标准

一般要求：混凝土外观应平整、光洁、密实，无蜂窝麻面、空洞、露筋现象；施工缝设置符合设计要求；结构裂缝应控制在设计允许范围内。钢结构安装应有良好的平整度和顺直度，焊缝无溢流、夹渣、咬肉等现象。

1. 混凝土结构

（1）无钢筋未被混凝土包裹而外露；

（2）混凝土无蜂窝麻面、砂斑砂线、松顶露石、表面粗糙、不平整、有严重掉角剥落、有明显修补或涂饰；

（3）无收缩裂缝、龟裂多等情况；

（4）轮廓线顺直，无明显爆模、走模现象和错牙；

（5）无分格缝不直，施工缝高低不平、位置不准，无冷缝；

（6）变形缝、伸缩缝贯通顺直，两侧混凝土无缺陷，缝隙内无垃圾等杂物，填缝料符合设计要求；

（7）无明显色差及较多色斑，表面无污蚀；

（8）面层表面平整；

（9）泄水孔标高、位置准确及通畅；

（19）迎水面平整，线条顺直（或垂直）。

2. 钢结构

（1）构件大面平整、线条顺直，边缘无毛糙，无油污、铁锈；

（2）焊缝无明显溢流、夹渣、咬肉、气孔等缺陷或螺栓连接符合规范要求；

（3）安装位置正确，轮廓线条流畅；

（4）涂装无明显色差，涂刷无不均匀、皱纹、流滴或缺漏、剥落等现象。

（二）否决项目

（1）混凝土结构非主筋外露超过6处或主筋露筋；

（2）设计不允许有裂缝的结构出现裂缝；

（3）钢结构重要焊缝有严重咬肉等缺陷；

（4）当目测得分小于28分时，否决工程入选资格。

（三）检查数量

（1）码头、船闸、船坞各类构件、部件或关键部位；

（2）道路堆场不小于1 000m^2；

（3）挡墙不小于500m。

（四）得分计算

（1）目测观感应得分，满分为 35 分；

（2）详见检查评分表。

（五）检查评分表

采用“附录 D-4　交通表四（目测观感）”进行评分。

第五节　质量控制资料

一、桥梁工程

（一）检查内容

1. 桩基础

（1）原材料、成品出厂合格证及现场检验报告。

（2）混凝土抗压试验报告及评定。

（3）桩基承载及桩身质量试验报告。

（4）桩位偏差图标注桩（试桩）编号，沉桩后轴线和标高偏差情况及处理意见；桩位偏差图除加盖竣工章外，还应有设计、监理、施工单位签章。

（5）分项、分部工程质量验收记录。

2. 主体结构

1）混凝土

（1）原材料、半成品出厂合格证及进场检验报告。

（2）锚夹具、连接器、支座、伸缩缝等成品合格证及进场检验报告。

（3）预制梁出厂合格证。

（4）试块抗压强度评定记录及抗渗试验报告应符合以下规定及要求：混凝土、砌筑砂浆试块的留置组数符合规范规定；对混凝土、砌筑砂浆试块的强度进行统计评定，其结果符合设计要求；标养试块强度不得大于设计强度的 180%。

（5）预应力筋安装、张拉和灌浆记录。

2）钢结构

（1）原材料、成品出厂合格证及进场检验报告；

（2）焊工资格证书；

（3）焊接工艺评定及钢结构焊缝检验报告；

（4）高强螺栓抗滑移系数检验报告；

（5）高强螺栓终拧扭矩检验记录；

（6）分项、分部工程质量验收记录。

（二）否决项目

（1）用于工程中的原材料进场复试不合格；

（2）涉及工程结构安全的资料存有隐患或弄虚作假、无法保证工程质量真实情况；

（3）工程桩桩基完整性检测报告一类桩比例小于90%，或出现三、四类桩。

（4）上海市建设用砂（砂氯离子含量、混凝土拌合物氯离子含量）未按《关于加强本市建设用砂管理的暂行意见》（沪建建材联〔2020〕81号）执行。

（三）得分计算

质控资料应得分，满分为15分。

（四）检查评分表

采用“附录D-5 交通表五（质控资料）”进行评分。

二、地下结构（盾构法隧道、顶管、顶入式地道箱涵）

（一）检查内容

1. 地基处理

（1）盾构始发接收地基处理强度检验报告。

（2）联络通道地基处理强度检验报告（冻结法查冷冻记录）。

2. 区间隧道

1）隧道结构

（1）管片出厂合格证及进场验收记录。

（2）连接螺栓、螺母出厂合格证及进场检验报告。

（3）防水材料出厂合格证（质保书）及进场检验报告。

（4）钢筋接头试验报告（联络通道、井接头）。

（5）混凝土抗压、抗渗试验报告及评定（联络通道、井接头）；标养试块强度不得大于设计强度的180%。

（6）同步注浆和壁后注浆记录。

（7）分项、分部工程质量验收记录。

2）检测和监测

（1）隧道轴线贯通测量资料。

（2）隧道沉降测量资料。

（3）地面沉降、建筑物、管线监测资料。

（4）防水渗漏检查记录。

（二）否决项目

1. 盾构法隧道轴线偏差：地铁项目横向、高程偏差大于 ±100mm，公路项目横向、高程偏差大于 ±150mm；市政项目横向、高程偏差大于 ±150mm。

2. 周边建（构）筑物、管线变形过大，造成严重的社会影响，采取了措施仍未消除。

3. 涉及工程结构安全的资料存有隐患或弄虚作假，无法保证工程质量真实情况。

4. 本市建设用砂（砂氯离子含量、混凝土拌合物氯离子含量）未按《关于加强本市建设用砂管理的暂行意见》（沪建建材联〔2020〕81 号）执行。

（三）得分计算

质控资料应得分，满分为 15 分。

（四）检查评分表

采用“附录 D-5　交通表五（质控资料）”进行评分。

三、地下结构［地下车站、明（暗）挖隧道、下立交］

（一）检查内容

1. 地基处理与围护结构

（1）原材料、半成品出厂合格证及进场检验报告。

（2）地基处理、SMW 工法桩强度检验报告。

（3）混凝土抗压、抗渗试验报告及评定。

（4）地下墙（成槽、成墙）施工记录。

（5）工程桩桩身质量试验报告，低应变检测报告。

（6）工程桩桩位偏差图标注桩（试桩）编号，沉桩后轴线和标高偏差情况及处理意见；桩位竣工图除加盖竣工章外，还应有设计、监理、施工单位签章。

（7）分项、分部工程质量验收记录。

2. 主体结构

1）混凝土结构

（1）原材料出厂合格证及进场检验报告。

（2）混凝土抗压、抗渗试验报告及评定；标养试块强度不得大于设计强度的 180%。

（3）钢筋（焊接、直螺纹）接头试验报告。

（4）防水材料出厂合格证（质保书）及复试报告。

（5）混凝土结构实体检验资料（同条件养护试块强度、纵向受力钢筋保护层厚度）。

（6）渗漏水治理检查记录。

（7）分项、分部工程质量验收记录。

2）检测和监测

（1）基坑变形、地面沉降、建筑物、管线监测资料。

（2）结构沉降测量资料。

（3）结构裂缝分布图及修补资料。

（4）净空限界复试测量资料。

（二）否决项目

（1）由于种种原因导致混凝土构件几何尺寸变化或进行结构加固补强的工程；混凝土受力构件强度评定不合格的工程。

（2）涉及工程结构安全的资料存有隐患或弄虚作假，无法保证工程质量真实情况。

（3）工程桩桩基完整性检测报告一类桩比例小于90%，或出现三、四类桩（地墙）。

（4）本市建设用砂（砂氯离子含量、混凝土拌合物氯离子含量）未按《关于加强本市建设用砂管理的暂行意见》（沪建建材联〔2020〕81号）执行。

（三）得分计算

质控资料应得分，满分为15分。

（四）检查评分表

采用“附录D-5　交通表五（质控资料）”进行评分。

四、水运工程

（一）检查标准

1. 测量、桩基、地基

（1）测量基线、控制点、水准点及复核资料。

（2）预制桩、主要原材料质量证明书。

（3）桩的轴线及标高偏差（竣工图）；桩位竣工图标注桩（试桩）编号，沉桩后轴线和标高偏差情况及处理意见；桩位竣工图除加盖竣工章外，还应有设计、监理、施工单位签章。

（4）施工记录及隐蔽验收。

（5）承载力及桩身质量测试。

（6）基槽（坑）开挖有勘察、设计、建设、监理、施工单位签署的地基验槽记录。

（7）道路堆场的密实度、弯沉值等检测报告。

（8）软土地基的施工记录和地基荷载试验报告。

2. 混凝土及砌体

（1）现场所用主要原材料，如钢材、预拌砂浆、商品混凝土等，有出厂合格证书及按要求提供的进场检验报告；检验不合格的材料应有完善的后续处理措施；需降级使用的材料，应满足设计要求，并有审批手续；合格证、检（试）验报告的抄件（复印件）注明原件存放单位，并有抄件人、抄件（复印）单位的签字和盖章。

（2）钢筋接头试验报告，纵向受力钢筋的连接方式应符合设计要求；钢筋焊接有接头试件力学性能试验报告，报告应注明焊接方法、焊工姓名及岗位证书编号；闪光对焊、气压焊接应提供弯曲试验报告；钢筋机械连接接头按性能等级和应用场合所做的检验报告。

（3）试块抗压报告及强度评定记录，混凝土、砌筑砂浆试块的留置组数符合规范规定；对混凝土、砌筑砂浆试块的强度进行统计评定，其结果符合设计要求；标养试块强度不得大于设计强度的 180%。

（4）混凝土结构实体检验资料（同条件养护试块强度、纵向受力钢筋保护层厚度）；检验数量和结果应符合验收规范的规定。

（5）隐蔽工程验收记录。

（6）预应力钢筋、锚夹具、连接器的合格证和进行复试报告。

（7）预应力钢筋、钢绞线安装、张拉及灌浆记录。

（8）预制构件安装及评定。

（9）沉降和位移观测记录。

3. 钢结构

（1）一、二级焊缝探伤报告。

（2）焊工合格证及焊接材料烘焙记录。

（3）焊钉与钢材焊接工艺评定。

（4）涂装材料质保书及检验报告。

（5）普通螺栓最小拉力荷载复验报告（抗拉强度报告）。

（6）高强螺栓抗滑移系数试验报告和复验报告。

（7）高强螺栓终拧扭矩检查记录。

4. 其他

分部、分项工程验收资料和整体尺度检测资料。

（二）检查要求

内容完整，应符合有关标准、规范及设计要求。

内容真实，与工程实物质量一致。

（三）否决项目

（1）涉及工程结构安全的资料存有弄虚作假，无法保证工程质量真实情况。

（2）由于种种原因导致混凝土构件几何尺寸变化、进行结构加固补强、桩基完整性报告中一类桩低于90%或出现三、四类桩或受力构件混凝土强度评定不合格的工程。

3. 上海市建设用砂（砂氯离子含量、混凝土拌合物氯离子含量）未按《关于加强本市建设用砂管理的暂行意见》（沪建建材联〔2020〕81号）执行。

（四）得分计算

质控资料应得分，满分为15分。

（五）检查评分表

采用“附录D-5　交通表五（质控资料）”进行评分。

第六节　安全防护

一、检查标准

（一）脚手架

（1）脚手架架体搭设悬挂验收牌。

（2）脚手架作业平台应按规范要求设置拉结和支撑，并应设置防护栏杆及密目式安全网；作业层脚手板铺设绑扎应牢固，交接处无漏洞、翘头板、绑扎不牢固现象；按要求设置防坠落、防倾覆装置。

（3）其他作业平台应有符合规范要求的防倾覆、防坠落措施，并有符合要求的上下通道。

（二）防护设施

（1）密目网使用合格产品，张设应固定严密。

（2）建筑本体外防护及周边、卸料平台、吊装坠落区域防护安全可靠。

（3）临边防护严密，预留洞口、坑井设置防护门或加设盖板，通道口搭设防护棚。

（4）深基坑有专项安全措施，基坑支撑、登高设施安全可靠。

（5）施工人员按规定系安全带、戴安全帽。

（三）施工用电

（1）施工现场电箱内有临电定期巡视检查记录，记录完整。

（2）各类电箱应符合规范要求，接地、接零和二级漏电保护应符合要求，开关箱符合“一机、一闸、一漏、一箱”的要求。

（3）危险场所应使用安全电压，照明导线应绝缘并固定，不使用花线和塑料胶线，照明线路的回路采用漏电保护。

（4）施工现场电焊机使用二次侧降压保护装置。

（四）施工机械

（1）各类大中型施工机械，进场报验资料、人员操作证、进场验收记录、机械例行保养记录和检测报告齐全。

（2）各类施工机械保险、限位装置齐全，现场施工机械上悬挂机械验收牌，张贴操作人员上岗证。

（五）文明施工

（1）按规定设置《建筑业农民工维权告示牌》。

（2）道路畅通，材料堆放整齐，场地排水通畅，工地周围按要求设置遮挡围栏，防火设施齐全有效。车站内离壁沟畅通无积水。

（3）消防器材按规定设置、消防通道设置合理、严格执行动火制度；气瓶等危险品管理符合规范。

二、否决项目

（1）工程发生安全生产死亡事故。

（2）未按规定设置《建筑业农民工维权告示牌》。

三、得分计算

安全防护应得分，满分为 5 分。

四、检查评分表

采用“附录 D–6　交通表六（安全防护）”进行评分。

第七节　安装

无。

第八节　工程特色

一、检查标准

（1）工作量 5 000 万元以上的工程，每增加 1 000 万元可得 0.2 分，最高可得 2 分。

（2）盾构法隧道涉及重大穿越（运营中的地铁线路、使用中的房屋建筑、航油管、电力隧道、中日美海底光缆、黄浦江防汛墙等）的、小半径（$R \leqslant 500$m）推进的工程得 1 分。

（3）跨越黄浦江、长江的特大型桥梁工程得 1 分。

（4）超深地铁车站开挖深度超过 25m 得 0.5 分，超过 30m 得 1 分。

（5）获得协会 QC 成果，国家级（发布成果）得 1 分，国家级（交流成果）得 0.8 分；上海市（发布成果）得 0.5 分，上海市（交流成果）得 0.3 分。取最高的得分值，不重复计算。

（6）采用四新技术、建筑业 10 项新技术，并经评审认定的，每项得 0.5 分，最高可得 2 分。

二、得分计算

以上得分之和在 3 分以内的，按实际计算；得分之和超过 3 分时，按 3 分计算。

三、检查评分表

采用“附录 D–4　交通表四（目测观感）”进行评分。

第九章　水务类工程（水利工程）

第一节　现场质量保证条件

一、检查标准

（一）施工组织设计及施工方案

（1）现场质量管理制度、质量责任制落实。

（2）主要操作专业工种上岗证书齐全。

（3）施工组织设计、施工方案的审批手续齐全，签章完备。

（4）创优方案单独编制。

（二）检测仪器、计量器具管理

（1）检测仪器、计量器具管理台账、校准证书与实物应一致。

（2）校准证书应齐全，校验周期准时。

（3）满足使用功能和精度要求。

（三）施工现场标准养护室设置和管理

（1）养护室面积和养护池大小应根据工程规模与养护试块数量而确定，并符合有关规定，且有保温隔热及恒温装置；养护标养箱应满足使用要求。

（2）砂浆、混凝土试块按规范标准制作；混凝土试块（标养）制作记录齐全规范。

（3）室内养护：室内温度控制在（20±2）℃范围，相对湿度为95%以上。水中养护采用温度为（20±2）℃不流动的 $Ca(OH)_2$ 饱和溶液，水面应高于试块表面20mm。

养护室、养护池配置冷热空调、温度计、湿度计，温度、湿度由专人每天记录两次（上、下午各一次）；有标准养护室的管理制度，并严格执行；用养护标养箱的应有温湿度记录及维养记录。

（4）建立试块进出场台账。

（四）测量质量管理

永久水准点和沉降观测点的设置应满足设计或规范要求。

二、得分计算

（1）质保条件应得分，满分为5分；

（2）施工组织设计及施工方案符合规定，得1.5分；

（3）检测仪器、计量器具管理符合规定，得1.5分；

（4）施工现场标养室设置和管理符合规定，得1.5分；

（5）永久水准点和沉降观测点的设置符合规范及设计要求，得0.5分。

三、检查评分表

采用“附录E-1　水利表一（现场质保资料）”进行评分。

第二节　实测数据

一、检查标准

（一）垂直度

（1）闸门门槽部位允许偏差应同时不大于 H/1 000mm 和10mm 的要求，逐个测量。

（2）闸室（首）墩、墙、引航道侧墙应不大于H/400mm，按不低于施工单位（每段）数的20%随机均匀分布抽测，且测点数不少于20点。

（二）平整度

（1）混凝土墩、墙用2m直尺量允许偏差5mm，每施工单元测2点。

（2）浆砌块石墩、墙用2m直尺量允许偏差20mm，每施工单元测2点。

检测频率按不低于施工单元（每段）数的20%随机均匀分布抽测，且测点数不少于30点。

（三）重要几何尺寸

（1）闸孔堰顶净宽允许偏差 ±10mm，每孔测2点。

（2）闸室净宽允许偏差 ±20mm，每段测2点。

（3）排架柱截面允许偏差+8~–5mm，每一单元测2点。

（4）墩、墙厚度允许偏差+8，–5mm，每一单元测2点。

二、否决项目

（1）实测得分率低于90%。

（2）单项实测合格率低于规定值。

（3）最大超差值超过1.5倍允许偏差值（特殊情况经设计认定符合设计要求除外）。

三、得分计算

实测应得分，满分为27分。

四、检查评分表及检查原始记录表

采用“附录E–2　水利表二–1”进行评分。

采用“附录E–2　水利表二–2”进行记录。

第三节　检测

一、检查标准

1.混凝土强度

闸首、闸室墩墙、引航道、闸首排架、流道内壁任选5个部位，回弹检测结果合格。

2. 钢筋保护层

墩、墙、排架、流道任选 5 个部位，每个部位连续测 10 根主要受力钢筋（保护层 10 个测点），工作组还可随机增加其他测区；保护层允许偏差为 –7~+10mm。

二、否决项目

（1）混凝土强度未达到设计要求。

（2）钢筋保护层测点合格率小于 90%，或最大偏差大于允许偏差的 1.5 倍的测点超过 10%。

三、得分计算

（1）检测应得分，满分为 15 分；

（2）混凝土强度回弹结果合格得 5 分；

（3）钢筋保护层应得分为 10 分。

四、检查评分表

采用“附录 E–3　水利表三（检测）”进行评分。

第四节　目测观感

一、检查标准

（一）钢筋混凝土工程

（1）混凝土及预制装配式构件应外光内实、棱角分明、表面平整，无明显施工冷缝，两种标号混凝土交界面施工冷缝节点正确；混凝土无蜂窝麻面、孔洞、露筋及结构裂缝，无严重的掉角、剥落等缺陷，无大面积修补，局部修补无明显痕迹。

（2）除设计设置的排、冒水孔以外的其他位置无渗漏、基本无窨潮。

（3）变形缝位置正确、接缝处理合规范要求，橡胶止水圆孔不得偏入混凝土，缝两侧无明显错位、高差。

（4）模板拼缝严密，不漏浆。

（5）表面清洁、无附着物，拉筋应割除至保护层内。

（6）总体线型顺直，曲面、平面连结平顺。

（二）水工钢闸门结构

（1）面板无翘曲，无明显凹凸，边缘无毛刺，无锈蚀、污染。

（2）焊缝表面焊波均匀，无焊瘤及焊渣流淌，无裂纹、夹渣等缺陷。

（3）涂层均匀无剥落。

（三）砌石结构

表面平整、立面垂直、错缝砌筑，勾缝饱满，宽度、高度均匀，结构牢固、无脱落。

二、否决项目

1. 钢筋混凝土工程

（1）钢筋外露大于 3 处。

（2）蜂窝、孔洞、夹渣累计大于 6 处。

（3）裂缝大于 10 处，设计不允许有裂缝的结构出现裂缝或裂缝宽度大于设计要求。

（4）缺棱掉角、线角不直等缺陷大于 10 处。

（5）麻面、掉皮、起砂等缺陷大于 10 处。

（6）冷缝大于 5 处。

（7）色差大于 5 处，不同强度混凝土施工节点不规范。

（8）预埋件材质与防腐处理不达标大于 3 处。

（9）尺寸与偏位缺陷大于 6 处。

（10）批嵌面积大于 $200cm^2$ 或打磨面积大于 $600cm^2$ 的缺陷大于 10 处；批嵌面一处大于 $1m^2$，或剁凿、打磨面一处大于 $2m^2$。

（11）止水位置明显渗漏大于 6 处，橡胶止水圆孔完全偏入混凝土大于 6 处。

2. 水工钢闸门结构

（1）钢闸门面板翘曲，除锈喷涂后仍有明显锈迹爆出，大于 6 处。

（2）焊缝有溢流、夹渣、咬肉、气孔等缺陷，大于 6 处。

（3）重要焊缝有裂纹、烧穿、严重咬肉等缺陷；涂层局部脱落、起皮、色差、污染等缺陷，大于 10 处。

3. 砌石结构

面石形状规则性、平整度差，有通缝、勾缝不均匀等缺陷大于 10 处。

4. 目测观感得分

当目测得分小于 21 分时，否决工程入选资格。

三、得分计算

目测观感应得分，满分为 25 分。

四、检查评分表

采用“附录 E–4　水利表四（目测观感）”进行评分。

第五节　质量控制资料

一、检查标准

（1）现场所用主要原材料，钢材、水泥、粗、细骨料等有备案证、出厂合格证、试验报告；钢筋焊接有试验报告及焊条（焊剂）合格证；检验不合格的材料应有完善的后续处理措施，应满足设计要求，并有审批手续；合格证、检（试）验报告的抄件（复印件）注明原件存放单位，并有抄件人、抄件（复印件）单位的签字和盖章。

（2）混凝土外加剂有出厂合格证及技术性能指标，铜片等有出厂合格证，止水带、土工布（织物）有出厂合格证及复试报告。

（3）金属结构、机电设备有出厂合格证（如属委托厂家制作）。

（4）外购预制构件有质量证明书及相应报告，商品混凝土质量证明书及配合比报告（混凝土中氯离子检测）。

（5）混凝土抗压、抗渗强度试验报告及统计资料符合以下规定及要求：混凝土试块的留置组数符合规范规定；混凝土试块的强度进行统计评定，其结果符合设计要求；混凝土抗渗试块的留置、评定结果符合设计及规范的规定。

（6）砂浆强度试验报告及统计资料符合以下规定及要求：砌筑砂浆留置组数符合规范规定；砌筑砂浆的强度进行统计评定，其结果符合设计要求。

（7）闸门等金属结构有焊缝探伤报告。

（8）其他重要（如桩基动测等）检测报告：地基强度或承载力必须达到设计要求的标准。工程桩有承载力检验和桩身质量检测报告，检测方法和数量应符合设计及规范要求。

（9）基槽（坑）开挖有勘察、设计、建设、监理、施工单位签署的地基验槽记录。

（10）混凝土浇筑、打桩等有施工记录；桩位竣工图标注桩（试桩）编号，沉桩后轴线和标高偏差等情况；桩位竣工图除加盖竣工章外，还应有建设、设计、监理、施工单位签章。

（11）测量有放样记录，并做好沉降、位移观测记录。

（12）单元工程质量检验评定记录、重要隐蔽（关键部位）单元工程质量等级签证内容完整，应符合有关标准、规范及设计要求。

（13）水利工程检测报告确认证明及时开具。

二、否决项目

（1）涉及工程结构安全的资料存有隐患或弄虚作假，无法保证工程质量真实情况。

（2）桩基完整性报告中一类桩低于 80% 或出现三、四类桩。

（3）由于种种原因导致混凝土构件几何尺寸变化、进行结构加固补强、混凝土强度评定不合格；

（4）上海市建设用砂（砂氯离子含量、混凝土拌合物氯离子含量）未按《关于加强本市建设用砂管理的暂行意见》（沪建建材联〔2020〕81 号）执行。

三、得分计算

质控资料应得分，满分为 15 分。

四、检查评分表

采用“附录 E-5　水利表五（质控资料）”进行评分。

第六节　安全防护

一、检查标准

（一）脚手架

（1）脚手架搭设完成应及时验收并悬挂验收牌。

（2）脚手架应按规定设置立杆基础底座垫木、排水措施及扫地杆等。

（3）脚手架应按规程设置拉接和支撑，并应设置防护栏杆及密目式安全网，施工层脚手板铺设绑扎应牢固，交接处无漏洞，翘头板绑扎牢固；不得用钢管扣件搭设悬挑式脚手架。

（二）防护设施

（1）密目网使用合格产品，张设应固定严密。

（2）基坑支撑及时、到位，登高设施安全可靠。

（3）临边防护严密，预留洞口、坑井设置防护门或加设盖板，通道口搭设防护棚。

（4）施工人员能正确使用安全带、安全帽和安全网。

（三）施工用电

（1）各类电箱应符合规范要求。

（2）接地、接零和二级漏电保护应符合要求，开关箱符合“一机、一闸、一漏、一箱”的要求。

（3）电缆架设、敷设不符合要求。

（4）变配电室应符合要求。

（5）照明线路回路应采用漏电保护。

（6）危险场所应使用安全电压，照明导线应绝缘并固定，不使用花线和塑料胶线。

（四）施工机械

（1）各类机械应定期维修养护并做好记录。

（2）各类施工机械防护装置应规范。

（3）各类起重机械保险及限位装置、吊索具、起吊操作等应规范，操作人员持证上岗。

（五）文明施工

（1）工地周围按要求设置遮挡围栏，污水排水应有相关许可。

（2）施工现场应与生活区、办公区有效隔离。

（3）工地现场不得有随地便溺、随意抽烟、违规动火等不文明现象。

（4）场地道路应畅通。

（5）场地应设置合理的排水系统，保证场地排水通畅。

（6）材料堆放整齐，设置标识标牌。

（7）消防器材、消防通道按规定设置，落实动火制度；气瓶等危险品管理符合要求。

二、否决项目

施工期间发生安全生产死亡事故。

三、得分计算

安全防护应得分，满分为 10 分。

四、检查评分表

采用“附录 E-6　水利表六（安全防护）”进行评分。

第七节　安装

无

第八节　工程特色

一、检查标准：

（1）工作量5 000万元以上的工程，每增加1 000万元可得0.2分，最高可得2分。

（2）中心城区施工场地限制难度大的得1分。

（3）获得协会QC成果，国家级（发布成果）得1分，国家级（交流成果）得0.8分；上海市（发布成果）得0.5分，上海市（交流成果）得0.3分。取最高的得分值，不重复计算。

（4）采用四新技术、建筑业10项新技术，并经评审认定的，每项得0.5分，最高可得2分。

二、得分计算

以上得分之和在3分以内的，按实际计算；得分之和超过3分时，按3分计算。

三、检查评分表

采用“附录E-4　水利表四（目测观感）”进行评分。

第十章　水务类工程（给排水工程）

第一节　现场质量保证条件

一、检查标准

（一）施工组织设计、施工方案

1. 审批手续及签字齐全

施工单位技术负责人、监理单位总监审查签字手续齐全。

2. 有效实施

施工时按照审批通过的施工组织设计、施工方案进行实施，不得擅自改变。

3. 专项方案的评审与执行

应按国家和上海市规定对有关施工方案组织专家进行技术评审，并按评审意见执行。

4. 交底、归档

方案应实行分级交底制度，实施前进行书面交底，书面交底后应归档保存。

5. 创优方案

创优施工方案齐全可行。

（二）材料设备管理

1. 台账制作及时

材料台账制作应与工程实际进度及现场实际使用相符合，材料应先复试后使用。

2. 材料台账与工程相吻合

材料台账与现场材料的质量证明书一致，不得制作虚假台账。

3. 防雨、防潮措施

混凝土空心砌块、混凝土多孔砖、加气砌块等产品露天堆放应有防雨、防潮措施。

4. 检测报告确认证明

建设工程检测报告确认证明应及时开具。

（三）测量管理

1. 测量控制资料

应有完整的工程测量控制点资料。

2. 测量仪器及计量器具

（1）标定、校准及时：在有效期内使用测量仪器及计量器具。

（2）精度符合工程实际要求：测量仪器及计量器具的精度要求符合工程实际要求。

（3）物证相符：测量仪器及计量器具的计量、校验证书与实物一致。

（四）施工现场标准养护室设置和管理

（1）标准养护室的管理制度健全。

（2）养护室面积和养护池大小应根据工程规模与养护试块数量而确定，并符合有关规定，且有保温隔热及恒温装置。

（3）养护室、养护池温度控制在（20±2）℃范围内，养护室配置冷热空调，混凝土试块相对湿度为95%以上，砂浆试块相对湿度为90%以上；水中养护采用温度为（20±2）℃不流动的 $Ca(OH)_2$ 饱和溶液，水面应高于试块表面20mm。

（4）标准养护室配置温度计、湿度计，温度、湿度由专人每天记录两次（上、下午各一次），有标准养护室管理制度，并严格执行。

（5）砂浆、混凝土试块按规范标准制作，记录齐全。

（五）建材进场验收情况

进场主要建筑材料、构配件和设备必须按规程进行验收，并有质量证明材料；未经验收或验收不合格的工程材料、构配件、设备等不得在工程上使用。

（六）其他检查

永久水准点和沉降观测点的设置应符合规范及设计要求，记录应及时。

二、否决项目

（1）无施工组织设计和危险性较大的分部、分项工程施工方案。

（2）取样员、见证员、试块管理不符合要求为否决项。

三、得分计算

（1）质保条件应得分，满分为5分；

（2）施工组织设计及施工方案符合规定，得1分；

（3）材料管理情况符合规定，得1分；

（4）测量仪器及计量器具符合规定，得1分；

（5）施工现场标养室设置和管理符合规定，得1分；

（6）永久水准点和沉降观测点的设置符合规范及设计要求，得1分。

四、检查评分表

采用“附录F-1　给排水表一（现场质保条件）”进行评分。

第二节　实测数据

一、盾构工程、顶管工程

（一）检查标准

1. 盾构法隧道

（1）衬砌环环内错台：允许偏差小于或等于15mm。

（2）衬砌环环间错台：允许偏差小于或等于20mm。

2. 顶入式地道箱涵

（1）钢管椭圆度：允许偏差小于或等于1/100D。

（2）承插接口相邻管节错口量应满足设计计算值。

（二）否决项目

（1）盾构法隧道管片拼装实测合格率小于95%。

（2）顶管合格率不小于90%。

（三）检查数量

盾构法隧道抽取不少于25环，每环4点；顶管、顶入式地道箱涵顶进抽取不少于20节。

（四）得分计算

（1）实测应得分满分为25分。

（2）合格率满足要求得基准分22分，盾构法隧道每增加1%加0.3分，顶管每增加1%加0.3分。

（五）检查评分表

采用“附录F–2　给排水表二（实测）”进行评分。

二、厂站

（一）检查标准

1. 混凝土构件

（1）垂直度（柱、墙）：允许偏差小于或等于8mm（2m靠尺或经纬仪）。

（2）表面平整度：允许偏差小于或等于8mm（2m靠尺和楔形塞尺）。

（3）截面尺寸（柱、梁、墙、离壁沟）：允许偏差为–5~+8mm。

（4）预留孔洞中心位移：允许偏差小于或等于8mm。

2. 砌体结构

（1）每层垂直度：允许偏差 ±5mm（2m靠尺或经纬仪）。

（2）混水墙表面平整度：允许偏差 ±8mm；砂加气砌块允许偏差为 ±6mm（2m靠尺和楔形塞尺）。

（3）10皮砖砌体水平灰缝厚度：允许偏差 ±8mm（加气混凝土砌块、混凝土小砌块：3~5皮）。

（二）否决项目

（1）混凝土构件平均实测合格率小于90%。

（2）砌体实测合格率小于90%。

（三）检查数量

总点数不少于80点；抽取立柱不少于5个，每个不少于4个测点；抽取侧墙不少于20点。

（四）得分计算

（1）实测应得分，满分为 25 分。

（2）混凝土结构实测应得分为 20 分，合格率 90% 得基准分 18 分，每增加 1% 加 0.2 分。

（3）砌体结构实测应得分为 5 分，合格率 90% 得基准分 4 分，每增加 5% 加 0.5 分。

（五）检查评分表

采用“附录 F–2　给排水表二（实测）”进行评分。

第三节　检测

一、检测标准

（1）混凝土强度：回弹仪检测，应全部合格。

（2）钢筋保护层厚度：保护层检测仪检测，允许偏差：墩、台 ±10mm；梁、柱（建筑）–7~+10mm；板、墙（站台板、OTE 风道）–5~+8mm。

（3）盾构法隧道衬砌环椭圆度：地铁隧道偏差值小于或等于 ±6‰，公路隧道偏差值小于或等于 ±8‰，市政隧道偏差值小于或等于 ±8‰。

二、否决项目

（1）混凝土强度实测合格率小于 100%。

（2）梁或板类构件纵向受力钢筋保护层厚度的合格率小于 90%，或最大偏差值大于允许偏差 1.5 倍。

（3）盾构法隧道衬砌环椭圆度偏差值超过规范要求。

三、检测数量

（1）混凝土强度：抽取 6 个构件作回弹强度检测，都需满足设计值。

（2）钢筋保护层厚度：梁、板、柱、墙共抽取 6 个构件，每个构件抽查 6 个点（地下结构）。

（3）盾构法隧道衬砌环椭圆度：抽取 10 环做全断面扫描。

四、得分计算

（1）检测应得分，满分为 12 分。

（2）混凝土强度：得分为 6 分；钢筋保护层厚度：得分为 6 分，合格率 90%

得基准分 4 分，每增加 1% 加 0.2 分。

（3）盾构法隧道应得分为 12 分；混凝土强度：得分为 4 分；钢筋保护层厚度：得分为 4 分，合格率 90% 得基准分 3 分，每增加 1% 加 0.1 分；衬砌环椭圆度得分为 4 分。

五、检查评分表

采用“附录 F–3　给排水表三（检测）”进行评分。

第四节　目测观感

一、盾构工程、顶管工程

（一）检查标准

1. 盾构法隧道

混凝土管片外光内实、弧面平整、光洁，无缺棱、掉角和麻面、露筋；拼装后，管片无贯穿裂缝、无大于 0.2mm 宽的裂缝及混凝土剥落现象；环向及纵向螺栓全部穿进，螺母应拧紧。管片十字缝应通顺，管片拼装接缝连接螺栓孔之间防水垫圈无漏放，无线流、滴漏和漏泥砂现象。井接头无渗漏，旁通道混凝土应平整、光洁、密实，无蜂窝、麻面、空洞、露筋等现象。

2. 顶管

钢管表面无斑疤、裂缝、锈蚀；钢筋混凝土管外观不应有严重缺陷，顶管始发与接收洞口和管道接口应无渗漏泥水。

（二）否决项目

1. 管材及管片拼装

（1）管片受损或作修补的缺陷累计超过 15 处；管材、管片出现纵向受力裂缝大于 6 处。

（2）管材、管片出现纵向受力裂缝大于 6 处。

（3）螺母终拧后螺栓丝扣未外露超过 20 处。

2. 管道防水

（1）每 100 环隧道渗漏大于 1 处；渗漏点大于 10 处。

（2）每 100 环因堵漏作嵌缝（非设计指定的）大于 10 处。

3. 井接头

（1）单个井接头渗漏大于 5 处。

（2）单个井接头型体尺寸与表面平整度不合格，有蜂窝麻面或较大孔洞，有露筋，有大于 0.2mm 宽的裂缝及混凝土剥落现象大于 5 处。

4. 旁通道

（1）单个旁通道渗漏大于 5 处。

（2）单个旁通道型体尺寸与表面平整度不合格，有蜂窝麻面或较大孔洞，有露筋，有大于 0.2mm 宽的裂缝及混凝土剥落现象大于 5 处。

（3）单个泵站盖板尺寸缺失或超限、盖板铺设不平整、爬梯设置不合理牢固大于 3 处。

5. 目测观感得分

当目测得分小于 28 分时，否决工程入选资格。

（三）检查数量

不少于 300 环。

（四）得分计算

目测观感应得分，满分为 35 分。

（五）检查评分表

采用“附录 F-4　给排水表四（目测观感）”进行评分。

二、厂站

（一）检查标准

1. 基本要求

混凝土应平整、光洁、密实，无蜂窝麻面、空洞、露筋现象；施工缝设置符合设计要求；结构裂缝应控制在设计允许范围内；无线流、滴漏现象，顶板无湿渍。

2. 混凝土结构

（1）露筋：无主筋未被混凝土包裹而外露的缺陷。

（2）蜂窝：无混凝土表面缺少水泥砂浆而露出石子深度大于 5mm，但小于保护层厚度的缺陷。

（3）孔洞：无孔穴深度和长度均超过保护层厚度的缺陷。

（4）缝隙、夹渣：无夹有杂物深度超过保护层厚度的缺陷。

（5）裂缝：无缝隙从表面延伸至混凝土内部的缺陷。

（6）外形缺陷：无缺棱掉角、棱角不直、翘曲不平、飞边凸肋等外形缺陷。

（7）外表缺陷：无外表麻面、掉皮、起砂、沾污等外表缺陷。

（8）尺寸与偏位：无构件及连接部位、预留孔洞、预埋件的尺寸或位置不准的缺陷。

（9）修补：无修补、打凿、打磨等现象。（注：混凝土爆模未处理，按剥凿、打磨缺陷计。）

（10）接缝处理：施工缝、模板拼缝、钢支撑接头等位置处理到位，表面平整，无明显色差。

3. 砌体结构

（1）块材：块材的尺寸偏差和外观质量，符合材料标准中相应等级品质要求；有裂纹（缝）的条面或顶面不得使用。

（2）错缝：砖砌体上下错缝，内外搭砌无通缝（指上下二皮砖搭接长度小于25mm）；单排孔混凝土小砌块对孔错缝搭砌，局部不能对孔处，搭接长度不小于90mm；填充墙砌筑错缝搭砌，搭砌长度混凝土小砌块不小于90mm，加气砌块不小于砌块长度的1/3。

（3）灰缝：砌体灰缝横平竖直，砂浆饱满，厚薄均匀；接槎处灰缝厚（宽）度不小于5mm；竖缝、水平灰缝等无瞎缝、透亮缝。

（4）构造柱：构造柱的设置符合设计要求和规范规定；留设位置正确，马牙槎先退后进；每一马牙槎高度不超过300mm；上下顺直；混凝土与墙体结合紧密，表面齐平。

（5）裂缝：无影响结构性能或使用功能的砌体裂缝，砌体无支模、剔槽、扰动、干缩等产生的裂缝，填充墙与框架周边交接处砂浆密实无缝隙。

（三）防水

结构表面无湿渍。

（二）否决项目

1. 混凝土结构

（1）非主筋外露超过6处或主筋露筋。

（2）蜂窝超过6处。

（3）孔洞超过3处或任一处孔洞深度超过截面尺寸1/3。

（4）缝隙、夹渣层超过3处，缺陷深度、长度超规定。

（5）裂缝超过6处或设计不允许有裂缝的结构构件出现裂缝。

（6）外形缺陷超过10处，混凝土地坪存在明显质量缺陷超过3处。

（7）外表缺陷超过10处，冷缝、色差超过5处，不同标号混凝土施工节点不规范，预埋件材质与防腐处理不达标超过3处。

（8）尺寸与偏位缺陷超过6处。

（9）修补累计超过10处或批嵌面一处超过1m^{2}或剁凿、打磨面一处超过2m^2。

2. 砌体结构

（1）承重墙使用断裂小砌块超过6块。

（2）砌体灰缝透明缝、瞎缝数量多达 3 条以上。

（3）马牙槎漏、错槎等缺陷超过 6 处，因扰动、干缩等砌体产生裂缝大于 6 处。

3. 防水

（1）湿渍超过 3 处。

（2）结构有滴漏、线流水。

4. 目测观感得分

当目测得分小于 28 分时，否决工程入选资格。

（三）检查数量

每层检查。

（四）得分计算

目测观感应得分，满分为 35 分。

（五）检查评分表

采用“附录 F–4　给排水表四（目测观感）”进行评分。

第五节　质量控制资料

一、盾构工程、顶管工程

（一）检查标准

1. 地基处理

盾构进出洞地基处理强度检验报告齐全。

2. 区间管道

1）管道结构

（1）管片有出厂合格证及进场验收记录。

（2）连结螺栓、螺母有出厂合格证及进场检验报告。

（3）防水材料有出厂合格证（质保书）及进场检验报告。

（4）钢筋接头有试验报告（联络通道、井接头）。

（5）混凝土抗压、抗渗试验报告及评定（联络通道、井接头）齐全。

（6）同步注浆和壁后注浆记录齐全。

（7）分项、分部工程质量验收记录齐全。

2）检测和监测

（1）管道轴线贯通有测量资料。

（2）管道有沉降测量资料。

（3）地面沉降、建筑物、管线监测资料齐全。

（4）防水渗漏有检查记录。

（二）否决项目

（1）盾构法隧道轴线偏差：地铁项目横向、高程偏差大于 ±100mm，公路项目横向、高程偏差大于 ±150mm；市政项目横向、高程偏差大于 ±150mm。

（2）周边建构筑物、管线变形过大，造成严重的社会影响，采取了措施仍未消除。

（3）涉及工程结构安全的资料存有隐患或弄虚作假，无法保证工程质量真实情况。

（4）上海市建设用砂（砂氯离子含量、混凝土拌合物氯离子含量）未按《关于加强本市建设用砂管理的暂行意见》（沪建建材联〔2020〕81 号）执行。

（三）得分计算

质控资料应得分，满分为 15 分。

（四）检查评分表

采用“附录 F-5　给排水表五（质控资料）”进行评分。

二、厂站

（一）检查标准

1. 地基处理与围护结构

（1）原材料、半成品有出厂合格证及进场检验报告。

（2）地基处理、SMW 工法桩强度检验报告齐全。

（3）混凝土抗压、抗渗试验报告及评定齐全。

（4）地下墙（成槽、成墙）施工记录齐全。

（5）抗拔桩桩身质量有试验报告，低应变检测报告。

（6）桩位竣工图标注桩（试桩）编号，沉桩后轴线和标高偏差情况及处理意见；桩位竣工图除加盖竣工章外，还应有建设、设计、监理、施工单位签章。

（7）分项、分部工程质量验收记录。

2. 主体结构

1）混凝土结构

（1）原材料有出厂合格证及进场检验报告，混凝土中有氯离子检测。

（2）混凝土抗压、抗渗试验报告及评定齐全。

（3）钢筋（焊接、直螺纹）接头有试验报告。

（4）防水材料有出厂合格证（质保书）及复试报告。

（5）混凝土结构实体有检验资料（同条件养护试块强度、纵向受力钢筋保护层厚度）。

（6）渗漏水治理检查记录齐全。

（7）分项、分部工程质量验收记录齐全。

2）检测和监测

（1）基坑变形、地面沉降、建筑物、管线监测资料齐全。

（2）结构有沉降测量资料。

（3）有结构裂缝分布图及修补资料。

（4）有净空限界复试测量资料。

（二）否决项目

（1）涉及工程结构安全的资料存有隐患或弄虚作假，无法保证工程质量真实情况。

（2）桩基完整性报告中一类桩低于 80% 或出现三、四类桩。

（3）由于种种原因导致混凝土构件几何尺寸变化。

（4）进行结构加固补强。

（5）混凝土强度评定不合格。

（6）上海市建设用砂（砂氯离子含量、混凝土拌合物氯离子含量）未按《关于加强本市建设用砂管理的暂行意见》（沪建建材联〔2020〕81 号）执行。

（三）得分计算

质控资料应得分，满分为 15 分。

（四）检查评分表

采用“附录 F–5　给排水表五（质控资料）”进行评分。

第六节　安全防护

一、检查标准

（一）脚手架

（1）脚手架作业平台应按规范要求设置拉结和支撑，并应设置防护栏杆及密目式安全网；作业层脚手板铺设绑扎应牢固，交接处无漏洞、翘头板、绑扎不牢固现象；按要求设置防坠落、防倾覆装置。

（2）其他作业平台应有符合规范要求的防倾覆、防坠落措施，并有符合要求的上下通道。

（二）防护设施

（1）密目网不使用不合格产品，张设应固定严密。

（2）临边防护严密，预留洞口、坑井设置防护门或加设盖板，通道口搭设防护棚。

（3）施工人员能按规定系安全带、戴安全帽。

（三）施工用电

（1）各类电箱应符合规范要求，接地、接零和二级漏电保护应符合要求，开关箱符合“一机、一闸、一漏、一箱”的要求。

（2）危险场所应使用安全电压，照明导线应绝缘并固定，不使用花线和塑料胶线，照明线路的回路采用漏电保护。

（3）施工现场电焊机使用二次侧降压保护装置。

（四）施工机械（龙门吊、桁车）

（1）各类起重机械保险，进场报验资料、人员操作证和检测报告齐全完整，机械例行保养记录齐全；检测报告齐全，整改项已整改闭合。

（2）吊篮龙门吊、桁车停靠时应有灵敏、可靠的制动停靠装置、超高限位装置、防断绳装置，卷扬机绳筒应有防绳滑出装置。

（五）文明施工

（1）按规定设置《建筑业农民工维权告示牌》。

（2）道路畅通，材料堆放整齐，场地排水通畅，工地周围按要求设置遮挡围栏，防火设施齐全有效；车站内离壁沟畅通无积水。

二、否决项目

施工期间工程发生安全生产死亡事故。

三、得分计算

安全防护应得分，满分为 5 分。

四、检查评分表

采用“附录 F-6　给排水表六（安全防护）”进行评分。

第七节　安装

无

第八节　工程特色

一、检查标准

（1）工作量 5 000 万元以上的工程，每增加 1 000 万元可得 0.2 分，最高可得 2 分。

（2）盾构、顶管工程涉及重大穿越（运营中的地铁线路、使用中的房屋建筑、航油管、电力隧道、中日美海底光缆、黄浦江防汛墙等）的、小半径（$R \leqslant 500$m）推进的工程得 1 分。

（3）获得协会 QC 成果，国家级（发布成果）得 1 分，国家级（交流成果）得 0.8 分；上海市（发布成果）得 0.5 分，上海市（交流成果）得 0.3 分。取最高的得分值，不重复计算。

（4）采用四新技术、建筑业 10 项新技术，并经评审认定的，每项得 0.5 分，最高可得 2 分。

二、得分计算

以上得分之和在 3 分以内的，按实际计算；得分之和超过 3 分时，按 3 分计算。

三、检查评分表

采用“附录 F-4　给排水表四（目测观感）”进行评分。

附　录

附录 A　上海市优质结构申报资料

附录 A–1　上海市优质结构申报表

上海市优质工程申报表（房建、地下车站、水运、水务）

<table>
<tr><td colspan="2">工程名称</td><td></td><td>工作量</td><td>（万元）</td><td>建筑面积</td><td></td></tr>
<tr><td colspan="2">结构类型</td><td></td><td>结构层次</td><td></td><td>申报部位</td><td></td></tr>
<tr><td>序号</td><td>检查项目</td><td colspan="3">施工单位自查情况及结论</td><td colspan="2">监理（或建设）单位复核意见及结论</td></tr>
<tr><td rowspan="3">1</td><td rowspan="3">实体检测
（16）</td><td>混凝土强度</td><td colspan="2" rowspan="3"></td><td colspan="2" rowspan="3"></td></tr>
<tr><td>钢筋保护层厚度</td></tr>
<tr><td>外墙砂浆灰缝饱满度</td></tr>
<tr><td rowspan="3">2</td><td rowspan="3">实测
（24）</td><td>混凝土</td><td colspan="2" rowspan="3"></td><td colspan="2" rowspan="3"></td></tr>
<tr><td>砌体</td></tr>
<tr><td>楼板厚度</td></tr>
<tr><td rowspan="3">3</td><td rowspan="3">目测
及特色
（30）</td><td>混凝土</td><td colspan="2" rowspan="3"></td><td colspan="2" rowspan="3"></td></tr>
<tr><td>砌体</td></tr>
<tr><td>钢结构及预应力</td></tr>
<tr><td rowspan="3">4</td><td rowspan="3">技术资料
（10）</td><td>地基基础</td><td colspan="2" rowspan="3"></td><td colspan="2" rowspan="3"></td></tr>
<tr><td>主体结构</td></tr>
<tr><td>钢结构及预应力</td></tr>
<tr><td>5</td><td>质保条件
（5）</td><td colspan="3"></td><td colspan="2"></td></tr>
<tr><td>6</td><td>安装（5）</td><td colspan="3"></td><td colspan="2"></td></tr>
<tr><td>7</td><td>安全（10）</td><td colspan="3"></td><td colspan="2"></td></tr>
<tr><td colspan="3">公司或质量部门负责人
签名：
联系电话：

施工单位（章）
年　月　日</td><td colspan="2">联系人：
联系电话：

监理单位（章）
年　月　日</td><td>联系人：
联系电话：

建设单位（章）
年　月　日</td><td>联系人：
联系电话：

监督机构（章）
年　月　日</td></tr>
</table>

注：1. “施工单位自查情况及结论”栏须注明检查部位（层数、轴线位置等）、检查数量、检查结果（强度或承载力是否符合设计及规范要求、试验中不合格情况及处置、安装到位、安全状况等），不足部分可另附页。

2. 上海市优质工程（地下车站）、上海市优质工程（水运）、上海市优质工程（水务）申报表暂借用此表。

上海市优质结构申报表（装配式混凝土结构工程）

<table>
<tr><td colspan="2">工程名称</td><td></td><td>工作量</td><td>（万元）</td><td>建筑面积</td><td></td></tr>
<tr><td colspan="2">结构类型</td><td></td><td>结构层次</td><td></td><td>申报部位</td><td></td></tr>
<tr><td>序号</td><td>检查项目</td><td colspan="3">施工单位自查情况及结论</td><td colspan="2">监理（或建设）单位复核意见及结论</td></tr>
<tr><td rowspan="4">1</td><td rowspan="4">实体检测
（16）</td><td>混凝土强度</td><td colspan="2" rowspan="4"></td><td colspan="2" rowspan="4"></td></tr>
<tr><td>钢筋保护层厚度</td></tr>
<tr><td>外墙砂浆灰缝饱满度</td></tr>
<tr><td>灌浆密实度</td></tr>
<tr><td rowspan="4">2</td><td rowspan="4">实测
（22）</td><td>混凝土</td><td colspan="2" rowspan="4"></td><td colspan="2" rowspan="4"></td></tr>
<tr><td>砌　体</td></tr>
<tr><td>装配式
混凝土构件</td></tr>
<tr><td>楼板厚度</td></tr>
<tr><td rowspan="3">3</td><td rowspan="3">目测
及特色
（27）</td><td>混凝土</td><td colspan="2" rowspan="3"></td><td colspan="2" rowspan="3"></td></tr>
<tr><td>砌体</td></tr>
<tr><td>钢结构及预应力</td></tr>
<tr><td rowspan="3">4</td><td rowspan="3">技术资料
（15）</td><td>地基基础</td><td colspan="2" rowspan="3"></td><td colspan="2" rowspan="3"></td></tr>
<tr><td>主体结构</td></tr>
<tr><td>钢结构及预应力</td></tr>
<tr><td>5</td><td>质保条件
（5）</td><td colspan="3"></td><td colspan="2"></td></tr>
<tr><td>6</td><td>安装（5）</td><td colspan="3"></td><td colspan="2"></td></tr>
<tr><td>7</td><td>安全（10）</td><td colspan="3"></td><td colspan="2"></td></tr>
<tr><td colspan="3">公司或质量部门负责人
签名：
联系电话：

施工单位（章）
年　月　日</td><td colspan="2">联系人：
联系电话：

监理单位（章）
年　月　日</td><td>联系人：
联系电话：

建设单位（章）
年　月　日</td><td>联系人：
联系电话：

监督机构（章）
年　月　日</td></tr>
</table>

注：“施工单位自查情况及结论”栏须注明检查部位（层数、轴线位置等）、检查数量、检查结果（强度或承载力是否符合设计及规范要求、试验中不合格情况及处置、安装到位、安全状况等），不足部分可另附页。

上海市优质工程申报表（桥梁）

<table>
<tr><td colspan="2">工程名称</td><td colspan="2"></td><td>工作量</td><td>（万元）</td></tr>
<tr><td colspan="2">结构类型</td><td colspan="2"></td><td>申报部位</td><td></td></tr>
<tr><td>序号</td><td>检查项目</td><td colspan="3">施工单位自查情况及结论</td><td>监理（或建设）单位复核意见及结论</td></tr>
<tr><td rowspan="4">1</td><td rowspan="4">检测
（12）</td><td>结构混凝土强度</td><td colspan="2" rowspan="4"></td><td rowspan="4"></td></tr>
<tr><td>钢筋保护层厚度</td></tr>
<tr><td>桥面（钢）板厚度</td></tr>
<tr><td>钢结构涂装厚度</td></tr>
<tr><td rowspan="9">2</td><td rowspan="9">实测
（20）</td><td>桥面净宽</td><td colspan="2" rowspan="9"></td><td rowspan="9"></td></tr>
<tr><td>跨线桥桥下净高</td></tr>
<tr><td>桥长</td></tr>
<tr><td>墩柱断面尺寸</td></tr>
<tr><td>墩柱垂直度</td></tr>
<tr><td>墩柱平整度</td></tr>
<tr><td>防撞墙顺直度</td></tr>
<tr><td>防撞墙断面尺寸</td></tr>
<tr><td>桥面一次铺装平整度</td></tr>
<tr><td rowspan="9">3</td><td rowspan="9">外观
（38）</td><td>混凝土外观</td><td colspan="2" rowspan="9"></td><td rowspan="9"></td></tr>
<tr><td>桥梁线型</td></tr>
<tr><td>混凝土施工缝、伸缩缝、变形缝设置</td></tr>
<tr><td>钢结构钢板表面</td></tr>
<tr><td>钢结构焊缝</td></tr>
<tr><td>钢结构涂层</td></tr>
<tr><td>桥梁支座</td></tr>
<tr><td>构件架设</td></tr>
<tr><td>预埋件</td></tr>
<tr><td rowspan="4">4</td><td rowspan="4">技术
资料
（20）</td><td>原材料质保资料</td><td colspan="2" rowspan="4"></td><td rowspan="4"></td></tr>
<tr><td>施工技术资料</td></tr>
<tr><td>试验检测记录</td></tr>
<tr><td>质量验收记录</td></tr>
<tr><td>5</td><td>安全（10）</td><td colspan="3"></td><td></td></tr>
</table>

<table>
<tr><td>公司或质量部门负责人
签名：
联系电话：

施工单位（章）
年　月　日</td><td>联系人：
联系电话：

监理单位（章）
年　月　日</td><td>联系人：
联系电话：

建设单位（章）
年　月　日</td><td>联系人：
联系电话：

监督机构（章）
年　月　日</td></tr>
</table>

注：“施工单位自查情况及结论”栏须注明检查部位、检查数量、检查结果（强度或承载力是否符合设计及规范要求、试验中不合格情况及处置、安装到位、安全状况等），不足部分可另附页。

上海市优质工程申报表（盾构法隧道、顶管、顶入式箱涵）

<table>
<tr><td colspan="2">工程名称</td><td></td><td>工作量</td><td>（万元）</td></tr>
<tr><td colspan="2">结构类型</td><td></td><td>申报部位</td><td></td></tr>
<tr><td>序号</td><td>检查项目</td><td colspan="2">施工单位自查情况及结论</td><td>监理（或建设）单位复核意见及结论</td></tr>
<tr><td rowspan="2">1</td><td rowspan="2">实体检测
（16）</td><td>结构混凝土强度</td><td rowspan="2"></td><td rowspan="2"></td></tr>
<tr><td>钢筋保护层厚度</td></tr>
<tr><td rowspan="5">2</td><td rowspan="5">实测
（24）</td><td>隧道轴线</td><td rowspan="5"></td><td rowspan="5"></td></tr>
<tr><td>隧道限界、净空</td></tr>
<tr><td>相邻管片高差</td></tr>
<tr><td>环缝、纵缝张开量</td></tr>
<tr><td>结构尺寸</td></tr>
<tr><td rowspan="3">3</td><td rowspan="3">目测及特色
（30）</td><td>管片拼装</td><td rowspan="3"></td><td rowspan="3"></td></tr>
<tr><td>隧道防水</td></tr>
<tr><td>混凝土结构外观</td></tr>
<tr><td rowspan="4">4</td><td rowspan="4">技术资料
（15）</td><td>原材料质保资料</td><td rowspan="4"></td><td rowspan="4"></td></tr>
<tr><td>施工测量记录</td></tr>
<tr><td>试验检测记录</td></tr>
<tr><td>质量验收记录</td></tr>
<tr><td>5</td><td>质保条件
（5）</td><td colspan="2"></td><td></td></tr>
<tr><td>6</td><td>安全（10）</td><td colspan="2"></td><td></td></tr>
<tr><td colspan="2">公司或质量部门负责人
签名：
联系电话：

施工单位（章）
年　月　日</td><td>联系人：
联系电话：

监理单位（章）
年　月　日</td><td>联系人：
联系电话：

建设单位（章）
年　月　日</td><td>联系人：
联系电话：

监督机构（章）
年　月　日</td></tr>
</table>

注：“施工单位自查情况及结论”栏须注明检查部位（层数、轴线位置等）、检查数量、检查结果（强度或承载力是否符合设计及规范要求、试验中不合格情况及处置、安装到位、安全状况等），不足部分可另附页。

附录 A–2 上海市优质结构创优简介

上海市房建工程结构创优简介（2021 版）

一、工程概况

工程名称____________________，建筑面积：______m^2。

结构类型____________，地上共_____层，地下共_____层；本工程共分_____次申报，本次为第____次，本次申报范围为___________；本次检查范围内有否获准进行过装饰：____，装饰楼层及部位为__________。开工日期_________。

工程桩类型______、______，数量分别为______、______根，桩身质量检测数量分别为_____、_____根，占总桩数_____%、_____%，其中Ⅰ类桩：_____%、Ⅱ类桩：______%，Ⅲ、Ⅳ类桩：______%，检测方为_________；桩承载力检测共_____根，占总桩数_____%，检测方法_____。地下防水等级为_____级。

结构混凝土设计强度：柱___（__层）、柱_______（__层）；
墙___（__层）、墙_______（__层）。

受力钢筋保护层厚度：梁________mm（强度____________）；
悬挑梁_____mm（强度____________）；
板________mm（强度____________）；
悬挑板_____mm（强度____________）。

现浇板厚度：______mm、______mm、______mm、______mm。

砌体采用块材：外墙__________，内墙__________、__________。

砌体水平灰缝厚度：______________mm、______________mm。

砌筑砂浆拌制方式：自拌____________或预拌____________。

二、本工程有关建设参建方及监督机构

建设单位名称：　　项目负责人：　　联系电话：

勘察单位名称：　　项目负责人：　　联系电话：

设计单位名称：　　项目负责人：　　联系电话：

施工单位名称：　　项目负责人：　　联系电话：

审图机构名称：　　项目负责人：　　联系电话：

监理单位名称：　　项目负责人：　　联系电话：

检测单位名称：　　项目负责人：　　联系电话：

监督机构名称：

三、本工程开工以来发生质量安全事故情况

四、本工程曾获得质量荣誉情况

五、本工程采用新工艺、新技术情况

施工单位：（盖章）

监理单位：（盖章）

上海市装配式混凝土结构工程创优简介（装配式混凝土结构工程）（2021版）

一、工程概况

工程名称____________________，建筑面积：______m^2。

结构类型__________，地上共_____层，地下共__层；本工程共分_次申报，本次为第______次，本次申报范围为____________；本次检查范围内有否获准进行过装饰：____，装饰楼层及部位为__________。开工日期_________。

工程桩类型______、______，数量分别为______、______根，桩身质量检测数量分别为______、______根，占总桩数______%、______%，其中Ⅰ类桩：_____%、Ⅱ类桩：_____%，Ⅲ、Ⅳ类桩：_____%，检测方法为___________；桩承载力检测共_____根，占总桩数______%，检测方法__________。地下防水等级为_____级。

结构混凝土设计强度：柱___（__层）、柱_______（__层）；

墙___（__层）、墙_______（__层）。

受力钢筋保护层厚度：梁______mm（强度____________）；

悬挑梁_____mm（强度____________）；

板______mm（强度____________）；

悬挑板_____mm（强度____________）。

现浇楼板厚度：_________mm、_________mm、_________mm。

叠合楼板厚度：_________mm、_________mm、_________mm。

单体预制率___%，预制构件楼层范围：_______，预制构件类别_______。

预制竖向构件连接方式：灌浆套筒连接___浆锚连接____焊接____

螺栓连接____其他连接方式____。

灌浆料强度等级：__________。

砌体采用块材：外墙_________，内墙________。

砌体水平灰缝厚度：___________mm、___________mm。

砌筑方式：粘结剂_________或预拌__________。

二、本工程有关建设参建方及监督机构

建设单位名称： 项目负责人： 联系电话：

勘察单位名称： 项目负责人： 联系电话：

设计单位名称： 项目负责人： 联系电话：

施工单位名称： 项目负责人： 联系电话：

PC 深化设计单位名称：　　项目负责人：　　联系电话：
预制构件生产单位名称：　　项目负责人：　　联系电话：
审图机构名称：　　项目负责人：　　联系电话：
监理单位名称：　　项目负责人：　　联系电话：
检测单位名称：　　项目负责人：　　联系电话：
监督机构名称：

三、本工程开工以来发生质量安全事故情况

四、本工程曾获得质量荣誉情况

五、本工程采用新工艺、新技术情况

施工单位：（盖章）

监理单位：（盖章）

上海市交通类工程结构创优简介（2021版）

一、工程概况

工程名称______________________________。

工程类别______________[桥梁、高架道路、盾构法隧道、顶管、顶入式箱涵、地下车站、明（暗）挖隧道、下立交、水运工程或其他]。

开工日期______________工程造价：__________万元，

本工程共分__________次申报，本次为第________次，

本次申报范围为_______________________。

工程桩类型____、____，数量分别为____、____根，桩身质量检测数量分别为____、____根，占总桩数___%、___%，其中Ⅰ类桩：___%、Ⅱ类桩：___%，Ⅲ、Ⅳ类桩：___%，检测方法为_________；桩承载力检测共___根，占总桩数___%，检测方法_________。

结构混凝土设计强度：______________、______________。

主要构件受力钢筋保护层厚度：____________、____________。

主体结构形式（最大跨径等）和其他质量检查检测情况（轴线、最大偏位、净空限界、结构物沉降等）：

____

____

____

____

____

____

____

二、本工程有关建设参建方及监督机构

建设单位名称： 项目负责人： 联系电话：

勘察单位名称： 项目负责人： 联系电话：

设计单位名称： 项目负责人： 联系电话：

施工单位名称： 项目负责人： 联系电话：

监理单位名称： 项目负责人： 联系电话：

检测单位名称： 项目负责人： 联系电话：

监督机构名称：

三、本工程开工以来发生质量安全事故情况

四、本工程曾获得质量荣誉情况

五、本工程采用新工艺、新技术情况

申报单位：（盖章）

监理单位：（盖章）

上海市水运工程结构创优简介（2021 版）

一、工程概况

工程名称________________________________。

工程类型_______________，开工日期________。

工作量_______万元，本工程共分__次申报，本次为第__次，本次申报范围为______。

工程桩类型_____、_____，数量分别为_____、_____根，桩身质量检测数量分别为_____、_____根，占总桩数_____%、_____%，其中Ⅰ类桩：____%、Ⅱ类桩：____%，Ⅲ、Ⅳ类桩：____%，检测方法为_________；桩承载力检测共___根，占总桩数___%，检测方法________。

工程为___级水工建筑物。

现场预制混凝土构件总方量___m^3、___件，综合优良率____。

外购预制混凝土构件总方量___m^3、___件，综合优良率____。

现浇混凝土总方量______m^3，优良率_____。

结构混凝土设计强度：桩____、梁____、板____。

受力钢筋保护层厚度：桩____、梁____、板____。

二、本工程有关建设参建方及监督机构

建设单位名称：　　项目负责人：　　联系电话：

勘察单位名称：　　项目负责人：　　联系电话：

设计单位名称：　　项目负责人：　　联系电话：

施工单位名称：　　项目负责人：　　联系电话：

监理单位名称：　　项目负责人：　　联系电话：

检测单位名称：　　项目负责人：　　联系电话：

监督机构名称：

三、本工程开工以来发生质量安全事故情况

四、本工程曾获得质量荣誉情况

五、本工程采用新工艺、新技术情况

申报单位：（盖章）

监理单位：（盖章）

上海市水务工程结构创优简介（2021 版）

一、工程概况

工程名称________________。

工程类别________________（工作量_______万元），开工日期___________。

结构类型___________，本工程共分____次申报，本次为第____次，本次申报范围为________________。本次检查范围内有否获准进行过装饰：_____，装饰楼层及部位为________________。

工程桩类型______、______，数量分别为______、______根，桩身质量检测数量分别为______、______根，占总桩数_____%、_____%，其中Ⅰ类桩：____%、Ⅱ类桩：_____%，Ⅲ、Ⅳ类桩：__%，检测方法为__________；桩承载力检测共____根，占总桩数_____%，检测方法__________。

工程为____等____级水工建筑物，闸室（首）口门净宽___m；节制闸分__孔；泵站流量为____m^3/s，分____台泵组；上下游消力池之间主体结构长度_____m；闸门平面尺寸为____m×____m；最大一次性浇筑混凝土底板体积为_____m^3，浇筑时间为_____h，制作混凝土试块_______组。至今累计最大沉降量为______mm（设计允许沉降______mm）。

主体结构混凝土设计强度：______________、______________。

主要构件受力钢筋保护层厚度：____________、____________。

二、本工程有关建设参建方及监督机构

建设单位名称： 项目负责人： 联系电话：

勘察单位名称： 项目负责人： 联系电话：

设计单位名称： 项目负责人： 联系电话：

施工单位名称： 项目负责人： 联系电话：

监理单位名称： 项目负责人： 联系电话：

检测单位名称： 项目负责人： 联系电话：

监督机构名称：

三、本工程开工以来发生质量安全事故情况

四、本工程曾获得质量荣誉情况

五、本工程采用新工艺、新技术情况

申报单位：（盖章）

监理单位：（盖章）

附录 A-3 上海市优质结构推荐检查告知承诺书

上海市优质结构推荐检查告知承诺书
（2021 版）

为确保上海市优质结构工程质量，促进优质结构检查工作的健康发展，特提出以下检查告知事项：

一、诚信承诺（推荐检查时申报单位须宣读本承诺）

1. 提供的文件资料真实有效，无隐瞒、漏报及弄虚作假。

2. 工程所用原材料、现场制作的混凝土和砂浆试块、结构质量检测的取（送）样严格执行国家及地方有关规定，工程建造按图施工，无偷工减料现象。

3. 如实提供申报工程是否存在质量和安全事故、质量投诉、行政处罚、媒体曝光等情况。

二、廉政承诺（推荐检查时申报单位须宣读本承诺）

贯彻执行各项廉政规章制度，认真遵守廉洁纪律，决不违反有关规定。

****

我企业已认真阅读《上海市优质结构推荐检查告知承诺书》全部内容，并愿作以下承诺：

若存在违反上述告知事项的行为，我企业愿意取消工程评审（入选）资格，暂停企业当年度上海市优质工程申报资格。若由于上述原因发生投诉、举报、出现工程质量问题的，我企业愿意承担相应法律责任。

****

三、会务要求

1. 在施工现场为迎接检查不铺张浪费，不刻意渲染迎查气氛，不摆放与检查工作无关的其他物品；工程简介按网上下载的格式用普通 A4 纸打印。

2. 建设、监理单位必须派出项目负责人到场配合检查。

3. 检查前施工单位需将工程地理位置图送至协会优质工程推荐检查工作组，必须清楚标明工地大门及会议室位置；注明公司名称，标段名称，两位联系人姓名、职务及联系电话。

四、检查配合

1. 计量标定合格的靠尺、卷尺、塞尺各一件；移动电箱一个（移动电箱电源线长度要求从固定配电箱引出后，可以到达检测部位）；激光测距仪一个（地铁车站、桥梁工程）。

2. 盖审图章的建筑结构施工图一套。

3. 提供混凝土结构已达到 600℃·d 的部位书面说明。

4. 工程临时照明必须达到检查工作需求。

5. 板厚度检测位置需在工程通知检查后，申报单位带好申报工程的结构平面布置图原件预先到优质结构推荐检查工作组随机确定楼板厚度检测楼层、位置。楼板检测位置确定后，施工单位须在工程检查之前在所定的位置打孔。

打孔要求：直径 16mm 以上，数量不少于 20 个。检测孔打好后，应在各孔口做好序号标记，并在边上做好明显标识，以便寻找。

6. 提供中标通知书复印件及单位工程划分资料复印件，与纸质申报资料一同送至协会优质工程推荐检查工作组。

工程名称：
承诺人（签名）：（项目经理）
单位（盖章）：

承诺人（签名）：（项目总监）
单位（盖章）：

年　月　日

附录 B　上海市建筑类工程优质结构检查评分表

附录 B–1　建筑表一（现场质保条件）

上海市建筑类工程优质结构检查评分表（现场质保条件）　建筑表一

工程名称：　　　　　　　　　　　　检查部位：

施工单位：　　　　　　　　　　　　检查人员（签名）：　　　　　　　检查日期：

序号	检查项	扣分项目	扣分标准	否决项	应得分	检查及扣分情况
1	施工组织设计及施工方案	施工单位技术负责人、监理单位总监审查签章手续不齐全	0.2~1	无施工组织设计和危险性较大的分部、分项工程施工方案	5	
		施工组织设计或施工方案不全	0.2~1			
		施工组织设计、施工方案（含按规定经专家技术评审的专项施工方案）未有效实施	0.2~1			
		创优施工方案不齐全	0.2~1			
		施工关键岗位人员持证上岗	0.2~1			
2	材料管理情况	材料台账制作与工程实际进度不符合，材料先使用后复试	0.2~1	取样员、见证员、试块送样管理不符合要求		
		材料台账与现场材料质量说明书不一致	0.2~1			
		混凝土空心砌块、混凝土多孔砖、加气砌块等产品露天堆放无防雨、防潮措施	0.2~1			
		无试块制作记录、同条件试块养护记录	0.2~1			
		建设工程检测报告确认证明未及时开具	0.2~1			
		取样员、见证员、试块送样管理不规范	0.2~1			
3	测量仪器及计量器具	在检定有效期外使用测量仪器及计量器具	0.2~1			
		仪器、器具校准证书与实物不一致	0.2~1			
4	标准养护室	养护室面积、设施等不符合本市规定的要求	0.2~1			
		试块制作不符合规范和有关规定	0.2~1			
		未按规定做好试块收发、标准养护室（箱）温度、湿度等相关记录	0.2~1			
5	其他检查	永久水准点和沉降观测点的设置不符合规范及设计要求、沉降观测记录不齐全	0.2~1	无分部、分项工程质量验收记录		
		分部、分项工程质量验收记录（桩基、基础、主体结构）不齐全或不完整	0.2~1			
总计得分：						

附录 B-2 建筑表二（实测）

上海市建筑类工程优质结构检查评分表（实测） 建筑表二 -1

工程名称： 检查部位：

施工单位： 检查人员（签名）： 检查日期：

序号	检查项目		允许偏差（mm）	否决项目	实测值（mm）										应得分
					1	2	3	4	5	6	7	8	9	10	
1	混凝土（60 点）	垂直度（15 点）	$H \leqslant 6m$，5 $H > 6m$，10	< 90% 或实测偏差值 >1.5 倍允许偏差值											10
		表面平整度（15 点）	8												
		截面尺寸（15 点）	+ 8 − 5												
		门窗洞口宽度（15 点）	± 5												
		结果	实测 点；合格 点；												
2	砌体（60 点）	垂直度（15 点）	$H \leqslant 3m$，5 $H > 3m$，10	承重墙 < 100%											10
		表面平整度（15 点）	8（清水墙、柱为 5；YT 为 ± 6）	< 90% 或实测偏差值 >1.5 倍允许偏差值											
		水平灰缝厚度（15 点）	± 8												
		门窗洞口宽度（15 点）	± 5												
		结果	实测 点；合格 点；												

注：1. 实测点应按上表要求选取点位测量，若有缺项相应的测点分配至其他项内，保证实测点数不少于混凝土、砌体各 60 点；H 为高度，单位米（m）；

2. 合格率 90% 得 9 分，每增加 1%，增加 0.1 分。

上海市建筑类工程优质结构检查评分表（实测） 建筑表二 –2

工程名称： 检查部位：

施工单位： 检查人员（签名）： 检查日期：

序号	检查项目	允许偏差（mm）	否决项目	实测值（mm）										应得分
				序号	楼层	设计值	实测值	判别	序号	楼层	设计值	实测值	判别	
3	混凝土楼板厚度	+8 –5	＜90% 或 ＞1.5倍允许偏差值	1					11					4
				2					12					
				3					13					
				4					14					
				5					15					
				6					16					
				7					17					
				8					18					
				9					19					
				10					20					
		实测　点，合格　点，合格率　%												

注：1. 每个工程不少于 20 点；

2. 合格率 90% 得 3 分，每增加 5%，增加 0.5 分。

附录 B–3　建筑表三（检测）

上海市建筑类工程优质结构检查评分表（检测）　建筑表三 –1

工程名称：　　　　　　　　　　　　　　检查部位：

施工单位：　　　　　　　　　　　　　　检查人员（签名）：　　　　　　检查日期：

序号	检查项目	检查标准	否决项目	检查部位	设计值	检测值	检查结果
1	混凝土强度	回弹检测结果合格	不合格				
2	拉结筋通长配置	符合设计要求通长配置	未通长配置		通长		
					通长		
					通长		
					通长		
					通长		

注：1. 混凝土强度检测抽取 6 个构件，都需满足设计值；

2. 拉结筋通长配置根据设计要求进行检查，抽取 3 堵墙，测 6 根拉结筋，需都符合设计要求。

上海市建筑类工程优质结构检查评分表（检测） 建筑表三 –2

工程名称： 检查部位：

施工单位： 检查人员（签名）： 检查日期：

序号	检查项目	检查标准	否决项目	检查部位	检测值		应得分	实得分
					点数	合格		
1	混凝土梁、板钢筋保护层厚度	应符合设计要求，板类允许偏差为：+8mm，–5mm 梁类允许偏差为：+10mm，–7mm	合格率<90% 或最大偏差超过 1.5 倍允许偏差值				8	
2	混凝土墙、柱钢筋保护层厚度	应符合计要求，允许偏差 +10mm，–5mm	合格率<90% 或最大偏差超过 1.5 倍允值				4	
总计得分：							12	

注：1. 混凝土梁、板钢筋保护层厚度：共抽取 5 个构件（宜均匀抽取），每个构件抽 10 个点，合格点率达到 90% 得 6 分，每递增 1%，增加 0.2 分。

2. 混凝土墙、柱钢筋保护层厚度：共抽取 4 个构件（宜均匀抽取），每个构件抽 10 个点，每合格 1 个点，得 0.1 分。

上海市建筑类工程优质结构检查评分表（检测）　建筑表三 -3

工程名称：　　　　　　　　　　　　　检查部位：

施工单位：　　　　　　　　　　　　　检查人员（签名）：　　　　　　　　　检查日期：

序号	检查项目	检查标准	否决项目	检查部位	检查情况										应得分
					1	2	3	4	5	6	7	8	9	10	
4	砌体灰缝砂浆饱满度	合格率≥90%	合格率＜90%												4
		实测　点，合格　点，合格率　%													

注：1. 抽查外墙面竖向灰缝不少于 20 个点。

2. 合格率 90% 得 3 分，每增加 1%，增加 0.1 分。

附录 B–4 建筑表四（目测观感）

上海市建筑类工程优质结构检查评分表（目测观感） 建筑表四

工程名称：　　　　　　　　　　　　　检查部位：

施工单位：　　　　　　　　　　　　　检查人员（签名）：　　　　　　检查日期：

序号	检查项目		扣分项目	扣分标准	否决项	应得分	检查及扣分情况
1	砌体	块材	外墙面裂缝块材 1~6 块	0.2~2	1. 外墙面裂缝块材＞ 6 块； 2. 承重墙使用断裂小砌块	27	
		组砌	混砌 1~3 处	0.2~2	1. 混砌＞ 3 处； 2. 承重墙面转角及小砌块留直槎； 3. 砌块搭接长度＞ 10 处； 4. 屋面砌体未设置混凝土导墙或导墙高度小于屋面完成面以上 250mm ＞ 3 处		
		错缝	通缝 1~6 处	0.2~2	通缝＞ 6 处		
		灰缝	瞎缝、透亮缝、假缝等缺陷 1~3 处	0.2~2	瞎缝、透亮缝、假缝等缺陷＞ 3 处		
		梁下与墙底	梁（板）下镶砌、嵌缝或导墙等缺陷 1~10 处	0.2~2	1. 缺陷＞ 10 处； 2. 排水地面无混凝土导墙		
		构造柱、梁	马牙槎漏、错槎等缺陷 1~6 处	0.2~2	缺陷＞ 6 处		
		裂缝	因扰动、干缩等砌体产生裂缝 1~6 处	0.2~2	裂缝＞ 6 处		
2	混凝土	露筋	非主筋外露 1~6 处	0.2~2	1. 非主筋外露＞ 6 处； 2. 主筋外露		
		蜂窝	蜂窝 1~6 处	0.2~2	蜂窝＞ 6 处		
		孔洞	孔洞 1~3 处	0.2~2	1. 孔洞＞ 3 处； 2. 孔洞深度超过截面 1/3		
		缝隙、夹渣	缝隙、夹渣 1~3 处	0.2~2	1. 缝隙、夹渣＞ 3 处； 2. 缺陷深度、长度超规定		
		裂缝	裂缝 1~6 处	0.2~2	1. 裂缝＞ 6 处； 2. 出现设计不允许的裂缝		
		外形缺陷	缺棱掉角、线角不直等缺陷 1~10 处；混凝土地坪存在明显表面平整缺陷	0.2~2	1. 缺陷＞ 10 处； 2. 混凝土地坪存在明显质量缺陷＞ 3 处		

序号	检查项目		扣分项目	扣分标准	否决项	应得分	检查及扣分情况
2	混凝土	外表缺陷	麻面、掉皮、起砂等缺陷1~10处；施工冷锋与色差、不同标号混凝土施工节点；预埋件材质与防腐处理不达标	0.2~2	1. 缺陷＞10处； 2. 冷缝＞5处； 3. 色差＞5处； 4. 不同标号混凝土施工节点不规范； 5. 预埋件材质与防腐处理不达标＞3处	27	
		尺寸与偏位	构件连接处、预留孔洞、预埋件尺寸不准、偏位等缺陷1~6处	0.2~2	缺陷＞6处		
		修补	批嵌＞200cm^{2}或打磨＞600cm^{2}的缺陷1~10处	0.2~2	1. 缺陷＞10处； 2. 一处批嵌＞1m^{2}或打磨＞2m^2		
3	钢结构	构件制作	1. 钢材表面无可见的麻点、划痕； 2. 切割、制孔质量； 3. 构件外形尺寸及构件节点处的磨擦面处理	0.2~2 （0.5~4）	1. 钢材表面有凹陷或损伤，划痕超过0.5mm或钢材厚度负偏差值的1/2； 2.2处及以上切割缺口深度＞1mm或孔距超标； 3. 加工构件多处尺寸超标，磨擦面粗糙度不符合规范		
		构件安装	1. 基础定位及钢柱基准标高； 2. 钢柱安装轴线、垂直度偏差； 3. 上、下柱连接处的错口； 4. 主梁与次梁表面的高差梁与梁连接处的错口； 5. 钢构件吊耳、连接板割除时割伤母材； 6. 压型板铺设	0.2~3 （0.5~4）	1. 柱基准标高偏移＞±3mm； 2. 柱安装轴线偏移≥2mm； 3. 钢柱数量10%以上错口＞3mm； 4. 主梁与次梁总数超10%以上错口＞2mm； 5. 割伤母材厚度比10%； 6. 组合楼板锚固长度小于50mm，铺设不平整，明显漏浆		
		焊接	1. 焊缝探伤； 2. 外形不够均匀1~3处，焊道过渡不够平滑1~3处，焊渣和飞溅物未清除干净1~3处； 3. 衬垫板	0.2~3 （0.5~4）	1. 探伤比例、位置不符合规范要求，或二次及以上返修不合格； 2. 焊缝表面有裂纹、焊瘤等； 3. 一、二级焊缝有表面气孔、夹渣、弧坑裂纹、电弧擦伤等； 4. 一级焊缝有咬边、未焊满、根部收缩； 5. 钢衬垫板采用短料拼接及未垫平		

序号	检查项目		扣分项目	扣分标准	否决项	应得分	检查及扣分情况
3	钢结构	高强螺栓或紧固件	1. 一次穿孔率，外观排列不整齐 1~3 处； 2. 高强螺栓丝扣外露不足 2~3 扣，未记录； 3. 螺栓漆封和螺栓副安装外观质量； 4. 高强螺栓梅花头未拧掉 1~3 处，未记录； 5. 栓钉焊接牢固	0.2~3 （0.5~4）	1. 气割扩孔或超数量扩孔未经原设计同意； 2. 螺栓不露牙； 3. 螺栓副锈蚀、垫圈安装不符合规定、摩擦面保护纸未撕干净或有杂物、螺栓未终拧； 4. 高强螺栓梅花头未拧掉超 3 处，未记录； 5. 栓钉打弯 30° 检测脱落	27	
		油漆	1. 漆膜厚度及外观； 2. 现场安装节点补漆	0.2~3 （0.5~4）	1. 漆膜厚度抽查数的 3% 以上不符合规范； 2. 构件误涂、漏涂，起壳、返锈严重		
4	其他	渗漏	渗水迹 1~3 处、漏水 1 处	0.2~2	1. 渗水迹＞ 3 处； 2. 漏水＞ 1 处		
		清洁	根据各类构件表面积灰、积浆、沾污的范围和程度按档酌扣	0.2~2			
		检查条件	电梯井等部位有遮挡，影响视线； 地下室等区域照明影响检查； 部分检查区域通行困难	0.2~2	1. 主要部位不具备检查条件； 2. 照明不足，无法查看； 3. 无法进入检查		
5	工程特色		1. 建筑面积 30 000m^2 以上的工程，每增加 2 000m^2 可得 0.1 分，最高可得 2 分。 2.QC 成果，国家级发布得 1 分，交流得 0.8 分；上海市发布得 0.5 分，交流得 0.3 分，取最高分。 3. 采用四新技术、建筑业 10 项新技术，并经评审认定的，每项得 0.5 分，最高可得 2 分			3	
					总计得分：	27+3	

注：1. 目测打分表共分为五部分组成，总得分为 27 分，采取累计倒扣分制，缺项的不打分。

2. 以钢结构为主的项目，或本次检查仅为钢结构区域的，扣分标准按括弧内进行计分。

附录 B-5 建筑表五（质控资料）

上海市建筑类工程优质结构检查评分表（质控资料） 建筑表五

工程名称： 检查部位：

施工单位： 检查人员（签名）： 检查日期：

<table>
<tr><th>序号</th><th colspan="2">检查项目</th><th>检查内容</th><th>扣分标准</th><th>否决项目</th><th>应得分</th><th>检查及扣分情况</th></tr>
<tr><td rowspan="7">1</td><td rowspan="7">地基与基础</td><td rowspan="7">地（桩）基及地下防水</td><td>原材料出厂合格证书及现场检验报告</td><td>0.2~2</td><td rowspan="23">1. 涉及工程结构安全的资料存有隐患或弄虚作假；

2. 无法保证工程质量真实情况；

3. 桩基完整性报告中一类桩低于 80% 或出现三、四类桩；

4. 由于种种原因导致混凝土构件几何尺寸变化；

5. 进行结构加固补强；

6. 混凝土强度评定不合格；

7. 未按《关于加强本市建设用砂管理的暂行意见》（沪建建材联〔2020〕81号）执行</td><td rowspan="7">4</td><td></td></tr>
<tr><td>桩位竣工图</td><td>0.1~0.5</td><td></td></tr>
<tr><td>地基（桩）承载力及桩身质量试验报告</td><td>0.2~2</td><td></td></tr>
<tr><td>地基验槽记录</td><td>0.2~2</td><td></td></tr>
<tr><td>试块抗压及评定、抗渗试验报告
标养试块强度不得大于设计强度 180%</td><td>0.2~2</td><td></td></tr>
<tr><td>地下室防水效果检查记录</td><td>0.1~0.5</td><td></td></tr>
<tr><td>隐蔽工程验收记录</td><td>0.1~0.5</td><td></td></tr>
<tr><td rowspan="16">2</td><td rowspan="16">主体结构</td><td rowspan="9">混凝土及砌体</td><td>原材料出厂合格证书及进场检验报告（砂及混凝土拌合物氯离子含量检测）</td><td>0.2~2</td><td rowspan="16">6</td><td></td></tr>
<tr><td>蒸压（养）砖、砌块砌筑时龄期</td><td>0.1~0.5</td><td></td></tr>
<tr><td>钢筋接头试验报告</td><td>0.2~2</td><td></td></tr>
<tr><td>试块抗压报告及评定</td><td>0.2~2</td><td></td></tr>
<tr><td>标养试块强度不得大于设计强度 180%</td><td>0.2~2</td><td></td></tr>
<tr><td>混凝土结构实体检验（同条件养护试块强度、纵向受力钢筋保护层厚度等）</td><td>0.2~2</td><td></td></tr>
<tr><td>预应力筋、锚具、夹具、连接器的合格证书和进场记录</td><td>0.2~2</td><td></td></tr>
<tr><td>预应力筋安装、张拉及灌浆记录</td><td>0.1~0.5</td><td></td></tr>
<tr><td>隐蔽工程验收记录</td><td>0.1~1</td><td></td></tr>
<tr><td rowspan="7">钢结构</td><td>原材料、成品出厂合格证书及进场检验报告</td><td>0.2~2</td><td></td></tr>
<tr><td>焊接工艺评定及焊缝探伤记录</td><td>0.1~0.5</td><td></td></tr>
<tr><td>高强螺栓抗滑移系数试验报告和复验报告</td><td>0.2~2</td><td></td></tr>
<tr><td>高强螺栓终拧扭矩检验记录</td><td>0.2~2</td><td></td></tr>
<tr><td>网架焊接、螺栓球节点拉、压承载力报告（有条件）</td><td>0.1~0.5</td><td></td></tr>
<tr><td>按设计要求的网架挠度测量记录</td><td>0.2~2</td><td></td></tr>
<tr><td>隐蔽工程验收记录</td><td>0.1~1</td><td></td></tr>
<tr><td colspan="8">总计得分：</td></tr>
</table>

附录 B–6 建筑表六（安全防护）

上海市建筑类工程优质结构检查评分表（安全防护） 建筑表六

工程名称： 检查部位：

施工单位： 检查人员（签名）： 检查日期：

序号	检查项目	扣分项目	扣分标准	否决项目	应得分		检查及扣分情况
1	脚手架	脚手架无搭设方案或严重未按方案施工，无验收即投入使用	0.2~1	施工期间发生生产安全死亡事故	2	10	
		脚手架杆件、拉结点、脚手板、安全网、隔离、防护栏杆、踢脚板等有缺陷	0.2~1				
		吊篮、附着式提升脚手架等工具式脚手架限位装置或安全保护装置失效	0.2~1				
2	防护设施	建筑主体外防护及周边、脚手架周边、吊装危险区域防护有缺陷	0.2~0.8		2		
		临边、洞口、电梯井、管道井内防护有缺陷	0.2~0.8				
		操作平台、卸料平台等高处作业设施有缺陷	0.2~0.8				
3	施工用电	临时用电未按规定编制施工组织设计，或未按施组施工，或未按规定验收并定期检查	0.2~1		1		
		未做到三级配电、两级保护及其他用电违规现象，用电线缆随意拖地、泡水，线缆绝缘破损，手持电动设备绝缘措施损坏，外电防护不符合要求	0.2~0.8				
		未设置照明或照明不足	0.2~0.5				
4	起重机械设备	无安装方案或严重不按方案安装，无验收手续及验收合格牌	0.2~1		2		
		机械设备安全限位、保险措施缺失或失效	0.2~0.8				
		设备日常维保、机况较差，吊索具未进行日常检查和维保，破损严重仍继续使用	0.2~0.8				
5	消防安全	临时消防设施或消防器材未按规定设置或无效，无有效动火管理制度、危险品管理制度	0.2~1		2		
		现场消防出入口及道路不满足消防车通行需求，作业场所无有效应急疏散通道	0.2~1				
6	文明施工	施工主要道路未硬化、无有效排水措施或积水较严重，道路不通畅，未按规定设置三级沉淀池	0.2~0.5		1		
		施工现场未设置连续封闭围挡，未与生活区、办公区有效隔离	0.2~0.5				
		材料堆放混乱，砖和砌块等材料堆放高度超2m	0.2~0.5				
总计得分：							

附录 B-7　建筑表七（安装）

上海市建筑类工程优质结构检查评分表（安装）　建筑表七

工程名称：　　　　检查部位：

施工单位：　　　　检查人员（签名）：　　　　检查日期：

序号	检查项	扣分项目	扣分标准	否决项目	应得分	检查及扣分情况
1	电气导管	导管在混凝土内和墙体上剔槽敷设：导管的保护层厚度小于 15mm； 火灾报警系统及疏散照明线路的导管保护层厚度小于 30mm； 采用强度等级小于 M10 水泥沙浆抹面保护	0.1~1	1. 违反强制性标准条文。 2. 所用材料不符合设计文件要求或使用了不合格材料。 3. 在结构中的电气导管、箱、盒等未按图纸要求施工完毕	5	
		混凝土、墙体内线管箱盒预埋坐标有偏差，偏差值大于 50mm，造成墙体结构有开斜、横槽现象	0.1~1			
2	预埋箱盒	凹进墙体表面深度大于 20mm，安装不平整，无修补措施，周边无护角； 箱盒内填料钉子未清除，返锈的箱盒未涂防锈漆； 坐标偏差大于 50mm	0.1~1			
3	接地及等电位联结	混凝土内预埋的接地扁钢或钢板未明露； 防雷引下线的数量应符合设计要求； 保护联结导体及等电位端子箱预埋符合设计要求	0.1~1.5			
4	地下管线	无地下室的工程，±0.000 以下的管线未施工； 管道的连接端部，未露出地面	0.1~0.5			
5	预留洞	预埋在墙与楼板中的套管和预留洞孔未清理干净； 相邻层间同一位置预留洞口中心距墙坐标位移偏差大于 20mm； 预埋套管的截面（直径）和型号未达到设计与规范要求	0.1~1			
6	其他					
					总计得分：	

附录 C　上海市建筑类工程优质结构检查评分表（装配式混凝土结构工程）

附录 C–1　建筑表一（现场质保条件）

上海市建筑类工程优质结构检查评分表（现场质保条件）装配式混凝土结构工程　建筑表一

工程名称：　　　　　　　　　　　　检查部位：

施工单位：　　　　　　　　　　　　检查人员（签名）：　　　　　　　　检查日期：

序号	检查项	扣分项目	扣分标准	否决项	应得分	检查及扣分情况
1	施工组织设计及施工方案	施工单位技术负责人、监理单位总监审查签字手续不齐全	0.2~1	无施工组织设计和危险性较大的分部、分项工程施工方案	5	
		创优施工方案不齐全	0.2~1			
		施组、专项施工方案不齐全及内容和交底不完善	0.2~1			
		对于按规定经专家技术评审的专项施工方案未有效实施	0.2~1			
		运输道路、堆场加固、构件堆放架体、构件吊点、施工设施设备附墙、附着设施等涉及工程结构安全的施工方案未经设计单位核定	0.5~2			
		施工关键岗位人员未持证上岗	0.2~1			
2	材料管理情况	材料台账制作与工程实际进度不符合，材料先使用后复试	0.2~1	取样员、见证员、试块送样管理不符合要求		
		材料台账与现场材料质量说明书不一致	0.2~1			
		混凝土空心砌块、混凝土多孔砖、加气砌块等产品等产品露天堆放无防雨、防潮措施	0.2~1			
		预制构件堆场设置不合理，堆放不符合要求	0.2~1			
		套筒灌浆料、座浆料等产品存放不符合要求	0.2~1			
		无试块制作记录、同条件试块养护记录	0.2~1			
		取样员、见证员试块试件取样、制样、养护样管理不规范	0.2~1			
		建设工程检测报告确认证明不齐全	0.2~1			
3	测量仪器及计量器具	在检定有效期外使用测量仪器及计量器具	0.2~1			
		仪器、器具校准证书与实物不一致	0.2~1			
4	标准养护室	养护室面积、设施等不符合本市规定的要求	0.2~1			
		试块制作不符合规范和有关规定	0.2~1			
		未按规定做好试块收发、标准养护室（箱）温度、湿度等相关记录	0.2~1			
5	其他检查	现场灌浆监理旁站、影像资料不齐全	0.2~1			
		永久水准点和沉降观测点的设置不符合规范及设计要求，记录不及时	0.2~1			
		分部、分项工程质量验收记录（桩基、基础、主体结构）不齐全或不完整	0.2~1			
总计得分：						

附录 C-2　建筑表二（实测）

上海市建筑类工程优质结构检查评分表（实测）装配式混凝土结构工程　建筑表二 –1

工程名称：　　　　　　　　　　　　　　检查部位：
施工单位：　　　　　　　　　　　　　　检查人员（签名）：　　　　　　　检查日期：

序号	检查项目		允许偏差（mm）	否决项目	实测值（mm）										应得分
					1	2	3	4	5	6	7	8	9	10	
1	混凝土（60点）	垂直度（15 点）	现浇及预制构件：$H \leqslant 6m$，5 $H > 6m$，10	< 90% 或实测偏差值 > 1.5 倍允许偏差值											10
		表面平整度（15 点）	现浇：8； 预制构件： 内表面：5 外表面：3												
		截面尺寸（15 点）	现浇：+8，–5 预制构件：详见备注												
		门窗洞口宽度（15 点）	± 5												
		结果	实测　点；合格　点												
2	砌体（60点）	垂直度（15 点）	$H \leqslant 3m$，5 $H > 3m$，10	承重墙 < 100%											8
		表面平整度（15 点）	8（清水墙、柱为 5；YT 为 ± 6）	< 90% 或实测偏差值 > 1.5 倍允许偏差值											
		水平灰缝厚度（15 点）	± 8												
		门窗洞口宽度（15 点）	± 5												
		结果	实测　点；合格　点												

注：1. 实测点应按上表要求选取点位测量，若有缺项相应的测点分配至其他项内，保证实测点数不少于混凝土、砌体各 60 点；H 为高度，单位米（m）。

2. 预制构件截面尺寸：楼板、梁、柱、桁架长度：$L < 12m$，允许偏差 ± 5mm；$12m \leqslant L < 18m$，允许偏差 ± 10mm；$L \geqslant 18m$，允许偏差 ± 20mm；墙板长度： ± 4mm；楼板、梁、柱、桁架宽度和高（厚）度：允许偏差 ± 5mm；墙板宽度和高（厚）度： ± 4mm。

3. 混凝土实测合格率 90% 得 9 分，每增加 1%，增加 0.1 分；砌体实测合格率 90% 得 7.2 分，每增加 1%，增加 0.08 分。

上海市建筑类工程优质结构检查评分表（实测）装配式混凝土结构工程 建筑表二 –2

工程名称： 检查部位：

施工单位： 检查人员（签名）： 检查日期：

序号	检查项目	允许偏差（mm）	否决项目	实测值（mm）										应得分
				序号	楼层	设计值	实测值	判别	序号	楼层	设计值	实测值	判别	
3	混凝土楼板厚度	+8 –5	＜ 90% 或 ＞ 1.5 倍允许偏差值	1					11					4
				2					12					
				3					13					
				4					14					
				5					15					
				6					16					
				7					17					
				8					18					
				9					19					
				10					20					
		实测 点，合格 点，合格率 %												

注：1. 每个工程不少于 20 点。

2. 合格率 90% 得 3 分，每增加 5%，增加 0.5 分。

附录 C–3 建筑表三（检测）

上海市建筑类工程优质结构检查评分表（检测）装配式混凝土结构工程 建筑表三 –1

工程名称： 检查部位：
施工单位： 检查人员（签名）： 检查日期：

序号	检查项目	检查标准	否决项目	检查部位	设计值	检测值	检查结果
1	混凝土强度	回弹检测结果合格	不合格				
2	灌浆密实度	合格	不合格				
3	拉结筋通长配置	符合设计要求通长配置	未通长配置		通长		
					通长		
					通长		
					通长		
					通长		

注：1. 混凝土强度检测抽取 6 个构件（现浇、预制各 3 个构件），都需满足设计值。
2. 灌浆密实度检测抽取 6 个构件，都必须合格。
3. 拉结筋通长配置根据设计要求进行检查，抽取 3 堵墙，测 6 根拉结筋，需都符合设计要求。

上海市建筑类工程优质结构检查评分表（检测）装配式混凝土结构工程　建筑表三 –2

工程名称：　　　　　　　　　　　　　　检查部位：

施工单位：　　　　　　　　　　　　　　检查人员（签名）：　　　　　　　检查日期：

序号	检查项目	检查标准	否决项目	检查部位	检测值		应得分	实得分
					点数	合格		
1	混凝土梁、板钢筋保护层厚度	应符合设计要求，板类允许偏差为：+8mm，–5mm 梁类允许偏差为：+10mm，–7mm	合格率 < 90% 或最大偏差超过 1.5 倍允许偏差值				8	
2	混凝土墙、柱钢筋保护层厚度	应符合计要求，允许偏差 +10mm，–5mm	合格率 < 90% 或最大偏差超过 1.5 倍允值				4	
总计得分：							12	

注：1. 混凝土梁、板钢筋保护层厚度：共抽取 5 个构件（宜均匀抽取），每个构件抽 10 个点，合格点率达到 90% 得 6 分，每递增 1%，增加 0.2 分。

2. 混凝土墙、柱钢筋保护层厚度：共抽取 4 个构件（宜均匀抽取），每个构件抽 10 个点，每合格 1 个点，得 0.1 分。

上海市建筑类工程优质结构检查评分表（检测）装配式混凝土结构工程　建筑表三 –3

工程名称：　　　　　　　　　　　　　检查部位：
施工单位：　　　　　　　　　　　　　检查人员（签名）：　　　　　　检查日期：

序号	检查项目	检查标准	否决项目	检查部位	检查情况										应得分
					1	2	3	4	5	6	7	8	9	10	
4	砌体灰缝砂浆饱满度	合格率≥ 90%	合格率< 90%												4
		实测　点，合格　点，合格率　%													

注：1. 抽查外墙面竖向灰缝不少于 20 个点。
2. 合格率 90% 得 3 分，每增加 1%，增加 0.1 分。

附录 C–4 建筑表四（目测观感）

上海市建筑类工程优质结构检查评分表（目测观感）装配式混凝土结构工程 建筑表四

工程名称： 检查部位：

施工单位： 检查人员（签名）： 检查日期：

序号	检查项目		扣分项目	扣分标准	否决项	应得分	检查及扣分情况
1	砌体	块材	外墙面裂缝块材 1 ~ 6 块	0.2~2	1. 外墙面裂缝块材 >6 块； 2. 承重墙使用断裂小砌块	24	
		组砌	混砌 1~3 处	0.2~2	1. 混砌 >3 处； 2. 承重墙面转角及小砌块留直槎； 3. 砌块搭接长度 >10 处； 4. 屋面砌体未设置混凝土导墙或导墙高度小于屋面完成面以上 250mm>3 处		
		错缝	通缝 1~6 处	0.2~2	通缝 >6 处		
		灰缝	瞎缝、透亮缝、假缝等缺陷 1~3 处	0.2~2	瞎缝、透亮缝、假缝等缺陷 >3 处		
		梁下与墙底	梁（板）下镶砌、嵌缝或导墙等缺陷 1~10 处	0.2~2	1. 缺陷 >10 处； 2. 排水地面无混凝土导墙		
		构造柱、梁	马牙槎漏、错槎等缺陷 1~6 处	0.2~2	缺陷 >6 处		
		裂缝	因扰动、干缩等砌体产生裂缝 1~6 处	0.2~2	裂缝 >6 处		
2	混凝土	露筋	非主筋外露 1~6 处	0.2~2	1. 非主筋外露 >6 处； 2. 主筋外露		
		蜂窝	蜂窝 1~6 处	0.2~2	蜂窝 >6 处		
		孔洞	孔洞 1~3 处	0.2~2	1. 孔洞 >3 处； 2. 孔洞深度超过截面 1/3		
		缝隙、夹渣	缝隙、夹渣 1~3 处	0.2~2	1. 缝隙、夹渣 >3 处； 2. 缺陷深度、长度超规定		
		裂缝	裂缝 1~6 处	0.2~2	1. 裂缝 >6 处； 2. 出现设计不允许的裂缝		
		外形缺陷	缺棱掉角、线角不直等缺陷 1~10 处；混凝土地坪存在明显表面平整缺陷	0.2~2	1. 缺陷 >10 处； 2. 混凝土地坪存在明显质量缺陷 >3 处		
		外表缺陷	麻面、掉皮、起砂等缺陷 1~10 处；施工冷锋与色差、不同标号混凝土施工节点；预埋件材质与防腐处理不达标	0.2~2	1. 缺陷 >10 处； 2. 冷缝 >5 处； 3. 色差 >5 处； 4. 不同标号混凝土施工节点不规范； 5. 预埋件材质与防腐处理不达标 >3 处		
		尺寸与偏位	构件连接处、预留孔洞、预埋件尺寸不准、偏位等缺陷 1~6 处	0.2~2	缺陷 >6 处		
		修补	批嵌 >200cm^2 或打磨 >600cm^2 的缺陷 1~10 处	0.2~2	1. 缺陷 >10 处； 2. 一处批嵌 >1m^2 或打磨 >2m^2		

序号	检查项目		扣分项目	扣分标准	否决项	应得分	检查及扣分情况
4	装配式混凝土构件	外表缺陷	麻面、掉皮、起砂等缺陷 1~5 处	0.2~2	麻面、掉皮、起砂等缺陷 >5 处，或有露筋、蜂窝、孔洞、构造裂缝、夹渣现象	24	
		外墙	/	/	1. 全预制外墙未经构造处理的、开洞、切割现象； 2. 预制构件竖向拼缝宽度小于 15mm；或大于设计图纸要求 1.5 倍偏差； 3. 预制构件水平拼缝厚度小于 10mm；或不符合设计要求		
		裂缝	收缩裂缝 1~6 处	0.2~2	收缩裂缝 >6 处		
		外形缺陷	缺棱掉角、线角不直等缺陷 1~10 处	0.2~2	掉角、线角不直等缺陷＞ 10 处		
		尺寸与偏位	构件连接处、预留孔洞、预埋件尺寸不准、偏位等缺陷 1~6 处	0.2~2	构件连接处、预留孔洞、预埋件尺寸不准、偏位等缺陷＞ 6 处		
		修补	单点修补面积 <0.5m^2 有 1~5 处	0.2~2	1. 构件修补单处面积 >0.5m^2； 2. 单点修补面积 <0.5m^2 的有 5 处以上		
5	其他	渗漏	渗水迹 1~3 处、漏水 1 处	0.2~2	1. 渗水迹 >3 处； 2. 漏水 >1 处		
		清洁	根据各类构件表面积灰、积浆、沾污的范围和程度按档酌扣	0.2~2			
		检查条件	电梯井等部位有遮挡，影响视线； 地下室等区域照明影响检查； 部分检查区域通行困难	0.2~2	1. 主要部位不具备检查条件； 2. 照明不足，无法查看； 3. 无法进入检查		
6	工程特色	1. 建筑面积 30 000m^2 以上的工程，每增加 2 000 m^2 可得 0.1 分，最高可得 2 分。 2.QC 成果，国家级发布得 1 分，交流得 0.8 分；上海市发布得 0.5 分，交流得 0.3 分，取最高分。 3. 采用四新技术、建筑业 10 项新技术，并经评审认定的，每项得 0.5 分，最高可得 2 分。				3	
					总计得分：	24+3	

附录 C–5 建筑表五（质控资料）

上海市建筑类工程优质结构检查评分表（质控资料）装配式混凝土结构工程 建筑表五

工程名称： 检查部位：

施工单位： 检查人员（签名）： 检查日期：

<table>
<tr><th>序号</th><th colspan="2">检查项目</th><th>检查内容</th><th>扣分标准</th><th>否决项目</th><th>应得分</th><th>检查及扣分情况</th></tr>
<tr><td rowspan="7">1</td><td rowspan="7">地基与基础</td><td rowspan="7">地（桩）基及地下防水</td><td>原材料出厂合格证书及现场检验报告</td><td>0.2~2</td><td rowspan="13">1. 涉及工程结构安全的资料存有隐患或弄虚作假；
2. 无法保证工程质量真实情况；
3. 桩基完整性报告中一类桩低于 80% 或出现三、四类桩；
4. 由于种种原因导致混凝土构件几何尺寸变化。
5. 进行结构加固补强
6. 混凝土强度评定不合格
7. 未按《关于加强本市建设用砂管理的暂行意见》（沪建建材联〔2020〕81 号）执行</td><td rowspan="7">4</td><td></td></tr>
<tr><td>桩位竣工图</td><td>0.1~0.5</td><td></td></tr>
<tr><td>地基（桩）承载力及桩身质量试验报告</td><td>0.2~2</td><td></td></tr>
<tr><td>地基验槽记录</td><td>0.2~2</td><td></td></tr>
<tr><td>试块抗压报告及评定、抗渗试验报告
标养试块强度不得大于设计强度 180%</td><td>0.2~2</td><td></td></tr>
<tr><td>地下室防水效果检查记录</td><td>0.1~0.5</td><td></td></tr>
<tr><td>隐蔽工程验收记录</td><td>0.1~0.5</td><td></td></tr>
<tr><td rowspan="6">2</td><td rowspan="6">现浇混凝土主体结构</td><td rowspan="6">混凝土及砌体</td><td>原材料出厂合格证书及进场检验报告（砂及混凝土拌合物氯离子含量检测）</td><td>0.2~2</td><td rowspan="6">6</td><td></td></tr>
<tr><td>蒸压（养）砖、砌块砌筑时龄期</td><td>0.1~0.5</td><td></td></tr>
<tr><td>钢筋接头试验报告</td><td>0.2~2</td><td></td></tr>
<tr><td>试块抗压报告及评定
标养试块强度不得大于设计强度 180%</td><td>0.2~2</td><td></td></tr>
<tr><td>混凝土结构实体检验资料（同条件养护试块强度、纵向受力钢筋保护层厚度、楼板厚度等）</td><td>0.2~2</td><td></td></tr>
<tr><td>隐蔽工程验收记录</td><td>0.1~1</td><td></td></tr>
<tr><td rowspan="5">3</td><td rowspan="5">装配式混凝土主体结构</td><td rowspan="5">混凝土预制构件厂提供资料</td><td>原材料成品、半成品、构配件进场验收记录质保书及检验报告</td><td>0.2~1</td><td rowspan="5">1. 灌浆套筒试拉件不能满足规范要求
2. 预制外墙没有构造处理的（防渗漏措施）资料</td><td rowspan="5">5</td><td></td></tr>
<tr><td>灌浆套筒连接接头试件型式检验报告</td><td>0.2~1</td><td></td></tr>
<tr><td>灌浆套筒连接接头抗拉强度试验报告和工艺检验报告</td><td>0.2~2</td><td></td></tr>
<tr><td>灌浆套筒进厂外观质量、标识、尺寸偏差检验报告</td><td>0.2~1</td><td></td></tr>
<tr><td>预制构件“首件生产验收”记录</td><td>0.2~1</td><td></td></tr>
</table>

序号	检查项目		检查内容	扣分标准	否决项目	应得分	检查及扣分情况
3	装配式混凝土主体结构	施工单位提供资料	灌浆料、剪力墙底部接缝坐浆材料试块抗压强度试验报告	0.5~1			
			灌浆套筒连接接头抗拉强度检验报告和工艺试验报告	0.5~2			
			灌浆套筒与灌浆料匹配试验报告（不同厂家时）	0.1~1			
			简支受弯预制构件结构性能检验报告或者设计有要求进行结构性能检验报告	0.5~2			
			预制构件首段安装验收记录	0.5~1			
			连接构造节点隐蔽验收记录	0.2~1			
总计得分：						15	

注：1. 三级及以上的钢材使用焊接连接作为扣分内容。

2. 同条件养护试块不合格的，对不合格试块所代表的实体部位，在出具不合格报告后一周内请有资质的检测机构进行一次回弹—取芯检测，结果合格的予以认可。

3. 各类送检试件，测试报告中应能直观地反映送检试件所代表的实体工程的部位。若无法确切反映送检试件所代表的实体工程的具体部位，施工单位需提供相关依据证明，否则酌情扣分，直至该项分扣完。

附录 C-6 建筑表六（安全防护）

上海市建筑类工程优质结构检查评分表（安全防护）装配式混凝土结构工程 建筑表六

工程名称： 检查部位：

施工单位： 检查人员（签名）： 检查日期：

序号	检查项目	扣分项目	扣分标准	否决项目	应得分		检查及扣分情况
1	脚手架	脚手架无搭设方案或严重未按方案施工，无验收即投入使用	0.2~1	施工期间发生生产安全死亡事故	2	10	
		脚手架杆件、拉结点、脚手板、安全网、隔离、防护栏杆、踢脚板等有缺陷	0.2~1				
		吊篮、附着式提升脚手架等工具式脚手架限位装置或安全保护装置失效	0.2~1				
2	防护设施	建筑主体外防护及周边、脚手架周边、吊装危险区域防护有缺陷	0.2~0.8		1		
		临边、洞口、电梯井、管道井内防护有缺陷	0.2~0.8				
		操作平台、卸料平台等高处作业设施有缺陷	0.2~0.8				
3	施工用电	临时用电未按规定编制施工组织设计，或未按施组施工，或未按规定验收并定期检查	0.2~1		1		
		未做到三级配电、两级保护及其他用电违规现象，用电线缆随意拖地、泡水，线缆绝缘破损，手持电动设备绝缘措施损坏，外电防护不符合要求	0.2~0.8				
		未设置照明或照明不足	0.2~0.5				
4	起重机械设备	无安装方案或严重不按方案安装，无验收手续及验收合格牌	0.2~1		2		
		机械设备安全限位、保险措施缺失或失效	0.2~0.8				
		设备日常维保、机况较差，吊索具未进行日常检查和维保，破损严重仍继续使用	0.2~0.8				
		装配式吊装作业人员无特种作业证件	0.2~0.8				
5	消防安全	临时消防设施或消防器材未按规定设置或无效，无有效动火管理制度、危险品管理制度	0.2~1		2		
		现场消防出入口及道路不满足消防车通行需求，作业场所无有效应急疏散通道	0.2~1				
6	文明施工	施工主要道路未硬化、无有效排水措施或积水较严重，道路不通畅，未按规定设置三级沉淀池	0.2~0.5		2		
		施工现场未设置连续封闭围挡，未与生活区、办公区有效隔离	0.2~0.5				
		材料堆放混乱，砖和砌块等材料堆放高度超 2m	0.2~0.5				
		装配式构件未设置专门堆场，未设置堆放架和登高设施，构件超高堆放	0.2~0.5				
总计得分：							

附录 C–7　建筑表七（安装）

上海市建筑类工程优质结构检查评分表（安装）装配式混凝土结构工程　建筑表七

工程名称：　　　　　　　　　　　　　检查部位：

施工单位：　　　　　　　　　　　　　检查人员（签名）：　　　　　　检查日期：

序号	检查项目	扣分项目	扣分标准	否决项目	应得分	检查及扣分情况
1	电气导管	导管在混凝土内和墙体上剔槽敷设：导管的保护层厚度小于 15mm； 火灾报警系统及疏散照明线路的导管保护层厚度小于 30mm； 采用强度等级小于 M10 水泥沙浆抹面保护	0.1~1	1. 违反强制性标准条文。 2. 所用材料不符合设计文件要求或使用了不合格材料。 3. 在结构中的电气导管、箱、盒等未按图纸要求施工完毕	5	
		混凝土、墙体内线管箱盒预埋坐标有偏差，偏差值大于 50mm，造成墙体结构有开斜、横槽现象	0.1~1			
2	预埋箱盒	凹进墙体表面深度大于 20mm，安装不平整，无修补措施，周边无护角； 箱盒内填料钉子未清除，返锈的箱盒未涂防锈漆； 预制板上预埋的箱盒的标高应一致，并符合设计要求； 坐标偏差大于 50mm	0.1~1			
3	接地及等电位联结	混凝土内预埋的接地扁钢或钢板未明露； 防雷引下线的数量应符合设计要求； 保护联结导体及等电位端子箱预埋符合设计要求	0.1~1.5			
4	地下管线	无地下室的工程，± 0.000 以下的管线未施工； 管道的连接端部，未露出地面	0.1~0.5			
5	预留洞	预埋在墙与楼板中的套管和预留洞孔未清理干净； 相邻层间同一位置预留洞口中心距墙坐标位移偏差大于 20mm； 预埋套管的截面（直径）和型号未达到设计与规范要求	0.1~1			
6	其他					
总计得分：						

附录 D　上海市交通类工程优质结构检查评分表

附录 D-1　交通表一（现场质保条件）

上海市交通类工程优质结构检查评分表（现场质保条件）　交通表一

工程名称：　　　　　　　　　　　　　检查部位：

施工单位：　　　　　　　　　　　　　检查人员（签名）：　　　　　　检查日期：

序号	检查项目	扣分项目	扣分标准	应得分	检查及扣分情况
1	施工组织设计、施工方案	专项施工方案项目不全，应组织专家评审的未组织专家评审	0.2~1.0	5	
		施工组织设计及专项方案审批及签字手续不齐全；创优（市优质结构创建）方案单独编制	0.2~1.0		
		施工组织设计或施工方案不全	0.2~1.0		
		专项施工方案技术交底未实行分级交底制度，交底资料须本人签认	0.2~1.0		
2	材料设备管理	材料设备台账制作不及时	0.2~1.0		
		材料设备台账与实际不相吻合	0.2~1.0		
		混凝土空心砌块、混凝土多孔砖、加气砌块等产品露天堆放没有防雨、防潮措施	0.2~1.0		
		建设工程检测报告确认证明未及时开具	0.2~1.0		
3	测量仪器及计量器具	检定不及时	0.2~1.0		
		精度不符合工程实际需要	0.2~1.0		
		物证不相符	0.2~1.0		
4	施工现场标准养护室设置和管理	标准养护室的管理制度未健全	0.2~1.0		
		养护室设施和条件不符合规范要求	0.2~1.0		
		养护记录不齐全，试块唯一性标识管理和使用不符合要求	0.2~1.0		
		无试块制作记录、同条件试块养护记录、无效试块报告记录	0.2~1.0		
5	建材进场验收情况	材料进场验收手续不齐全	0.2~1.0		
6	其他检查	永久水准点和沉降观测点的设置不符合规范及设计要求，记录不及时	0.2~1.0		
		现场灌浆监理旁站、影像资料不齐全	0.2~1.0		
			总计得分：		

附录 D-2　交通表二（实测）

上海市交通类工程优质结构检查评分表（实测）桥梁工程　交通表二 -1

工程名称：　　　　　　　　　　　　检查部位：
施工单位：　　　　　　　　　　　　检查人员（签名）：　　　　　　检查日期：

序号	检查项目	检查标准（允许偏差）	否决项目	检查情况	应得分	实得分
1	车行道净宽	± 10mm	合格率 <100%	检查点数： 合格点数： 实测合格率：	9	
2	人行道净宽	± 10mm				
3	立柱垂直度	≤ 0.2H%，且≤ 15mm	合格率 <90%	检查点数： 合格点数： 实测合格率：	16	
4	立柱平整度	5mm（预制混凝土柱）3mm				
5	立柱断面尺寸	± 5mm				
总计得分：					25	

注：1. 车行道净宽、人行道净宽抽取 10 个断面。立柱垂直度、立柱平整度、立柱断面尺寸抽取 25 个构件，每个构件不少于 4 点。
2. 立柱垂直度、平整度、断面尺寸：合格率 90% 得基准分 8 分，每增加 1% 加 0.2 分。

序号	检查项目	检查记录（实测偏差值）（mm）									
1											
2											
3											
4											
5											
6											
7											
8											
9											

上海市交通类工程优质结构检查评分表（实测） 交通表二 –2

地下结构（盾构法隧道、顶管、顶入式地道箱涵）

工程名称： 检查部位：

施工单位： 检查人员（签名）： 检查日期：

序号	检查项目		检查标准（允许偏差）	否决项目	检查情况	应得分	实得分
1	盾构法隧道	衬砌环环内错台（mm）	地铁 10mm	合格率 <95%	检查点数： 合格点数： 实测合格率：	25	
			公路 12mm				
			市政 15mm				
2		衬砌环环间错台（mm）	地铁 15mm				
			公路 17mm				
			市政 20mm				
3	顶管	钢筋混凝土 / 钢管节张开量（mm）	满足设计计算值	合格率 <90%	检查点数： 合格点数： 实测合格率：	25	
4		钢管椭圆度允许偏差值	≤ 1/100D	合格率 <90%	检查点数： 合格点数： 实测合格率：		
5	顶入式地道箱涵	相邻两节高差（mm）	50mm	合格率 <90%	检查点数： 合格点数： 实测合格率：	25	
总计得分：						25	

注：1. 盾构法隧道抽取不少于 25 环，每环 4 点。顶管、顶入式地道箱涵顶进抽取不少于 20 节。

2. 合格率满足要求得基准分 22 分，盾构法隧道每递增 1% 得 0.3 分，顶管和顶入式箱涵每递增 1% 得 0.3 分。

序号	检查项目	检查记录（实测偏差值）（mm）									
1											
2											
3											
4											
5											
6											
7											
8											

上海市交通类工程优质结构检查评分表（实测） 交通表二 –3

地下结构［地下车站、明（暗）挖隧道、下立交］

工程名称： 检查部位：

施工单位： 检查人员（签名）： 检查日期：

序号	检查项目			检查标准（允许偏差）	否决项目	检查情况	应得分	实得分
1	混凝土构件	墙、柱	垂直度	≤ 8mm	合格率 <90%	检查点数： 合格点数： 实测合格率：	20	
2		板、柱、墙	平整度	≤ 8mm				
3		梁、柱、墙	截面尺寸	（+8~–5）mm				
4		预留孔洞中心位移	偏差	≤ 8mm				
5		自动扶梯预留宽度	偏差	≤ 10mm				
6		站台板到侧墙距离	偏差	≤ 15mm	合格率 <100%			
7	砌体结构	墙面	垂直度	≤ 5mm	合格率 <90%	检查点数： 合格点数： 实测合格率：	5	
8		墙面	平整度	≤ 8mm				
9		灰缝	厚度	≤ 8mm				
总计得分：							25	

注：1. 总点数不少于 80 点。抽取立柱不少于 5 个，每个不少于 4 个测点；抽取侧墙不少于 20 点。自动扶梯预留孔洞全数检查。

2. 混凝土结构，合格率 90% 得基准分 18 分，每增加 1% 加 0.2 分。砌体结构，合格率 90% 得基准分 4 分，每增加 1% 加 0.1 分。

序号	检查项目	检查记录（实测偏差值）（mm）									
1											
2											
3											
4											
5											
6											
7											
8											

上海市交通类工程优质结构检查评分表（实测）水运工程　交通表二 –4

工程名称：　　　　　　　　　　　　　　检查部位：

施工单位：　　　　　　　　　　　　　　检查人员（签名）：　　　　　　　检查日期：

检测部位	检查项目	检查标准（允许偏差）	否决项目	检查情况	应得分	实得分
平整度	码头现浇混凝土墙身顶面(重力式)、现浇接缝和接头表面（高桩）	≤ 10mm	合格率 <90%	检查点数： 合格点数： 实测合格率：	5	
	船坞现浇坞墙墙面、船坞与船台滑道主体					
	现浇混凝土挡墙（坞墙）					
	码头混凝土面层	≤ 6mm	合格率 <90%	检查点数： 合格点数： 实测合格率：		
	船闸现浇混凝土闸墙顶面					
	道路混凝土面层					
	堆场混凝土面层	≤ 5mm				
高差	道路、堆场混凝土面层相邻板块顶面高差	≤ 3mm	合格率 <90%	检查点数： 合格点数： 实测合格率：	10	
	现浇面层纵缝、横缝	≤ 5mm				
错台	船坞现浇坞墙墙面相邻段表面	≤ 10mm	合格率 <90%	检查点数： 合格点数： 实测合格率：	10	
	现浇混凝土挡墙相邻段					
总计得分：					25	

注：1. 平整度：应得分为 5 分。合格率 90% 得基准分 4.5 分，每增加 1% 加 0.05 分。

2. 高差：应得分为 10 分。合格率 90% 得基准分 9 分，每增加 1% 加 0.1 分。

3. 错台：应得分为 10 分。合格率 90% 得基准分 9 分，每增加 1% 加 0.1 分。

4. 各项实测点合格率低于 90%，则不得分。

序号	检查项目	检查记录（实测偏差值）（mm）									
1											
2											
3											
4											
5											
6											
7											
8											

附录 D-3　交通表三（检测）

上海市交通类工程优质结构检查评分表（检测）　交通表三

工程名称：　　　　　　　　　　　　检查部位：

施工单位：　　　　　　　　　　　　检查人员（签名）：　　　　　　　检查日期：

序号	检查项目	检查标准	否决项目	检查情况	应得分	实得分
1	混凝土强度（MPa）	回弹检测结果合格	不合格		4	
2	钢筋保护层厚度	墩、台允许偏差≤ ±10mm	合格率<90% 或最大偏差超过 1.5 倍差值		4；3；	
		梁、柱（建筑）允许偏差（+10~−7）mm				
		板、墙（站台板、OTE 风道）允许偏差（+8~−5）mm				
3	钢筋间距	板类构件应符合设计及规范规定，允许偏差（+8~−5）mm	合格率<90% 或最大偏差超过 1.5 倍差值		4；3；	
		梁类构件应符合设计及规范规定，允许偏差（+10~−7）mm				
4	盾构法隧道衬砌环椭圆度	地铁隧道允许偏差≤ ±6%	不合格		2	
		公路隧道允许偏差≤ ±8%				
		市政隧道允许偏差≤ ±8%				
				总计得分：	12	

注：1. 混凝土强度：抽取 6 个构件作回弹强度检测，都需满足设计值。

2. 钢筋保护层厚度：梁、板、柱、墙共抽取 6 个构件，每个构件抽查 6 个点（地下结构）。

3. 钢筋间距：梁、板、柱、墙共抽取 6 个构件，每个构件抽查 6 个点（地下结构）。

4. 盾构法隧道衬砌环椭圆度：抽取 10 环做全断面扫描。

5. 混凝土强度：得分为 4 分；钢筋保护层厚度：得分为 4 分，合格率 90% 得基准分 2 分，每增加 1% 加 0.2 分。钢筋间距：得分为 4 分，合格率 90% 得基准分 2 分，每增加 1% 加 0.2 分。

6. 盾构法隧道应得分为 12 分。混凝土强度：得分为 4 分。钢筋保护层厚度：得分为 3 分，合格率 90% 得基准分 1 分，每增加 1% 加 0.2 分。钢筋间距：得分为 3 分，合格率 90% 得基准分 1 分，每增加 1% 加 0.2 分。衬砌环椭圆度得分为 2 分。

附录 D-4　交通表四（目测观感）

上海市交通类工程优质结构检查评分表（目测观感）桥梁工程　交通表四 -1

工程名称：　　　　　　　　　　　　检查部位：

施工单位：　　　　　　　　　　　　检查人员（签名）：　　　　　　　　检查日期：

序号	检查项目		扣分项目	扣分标准	否决项目	应得分	检查及扣分情况
1	清水混凝土	露筋	露筋 1~3 处	0.2~2.0	钢筋外露超过 3 处	35	
		蜂窝孔洞夹渣	蜂窝、孔洞、夹渣 1~6 处	0.2~3.0	蜂窝、孔洞、夹渣累计超过 6 处		
		裂缝	裂缝 1~10 处	0.2~3.0	1）裂缝超过 10 处；2）设计不允许有裂缝的结构出现裂缝或裂缝宽度超过设计要求		
		外形缺陷	缺棱掉角、线角不直等缺陷 1~10 处	0.2~5.0	外形缺陷超过 10 处		
		外表缺陷	麻面、掉皮、起砂等缺陷 1~10 处	0.2~5.0	外表缺陷超过 10 处		
		尺寸与偏位	尺寸不准、偏位等缺陷 1~6 处	0.2~3.0	尺寸与偏位缺陷超过 6 处		
		修补	批嵌面积大于 $200cm^2$ 或剁凿、打磨面积大于 $600cm^2$ 的缺陷 1~10 处	0.2~3.0	每 $1\,000m^2$ 超过 5 处，或批嵌面一处超过 $1m^2$，或剁凿、打磨面一处超过 $2m^2$		
2	钢结构	焊缝缺陷	焊缝有溢流、夹渣、咬肉、气孔、裂纹等缺陷 1~6 处	0.2~3.0	1）焊缝缺陷超过 6 处；2）重要焊缝有裂纹、烧穿、严重咬肉等缺陷		
		涂装缺陷	涂装涂刷不均匀、有皱纹、流滴、缺漏、剥落返修等缺陷 1~10 处	0.2~3.0	涂装缺陷超过 10 处		
3	其他	防撞墙变形缝	防撞墙变形缝嵌夹渣、漏嵌，宽度超标等缺陷 1~10 处	0.2~1.0	结构表面的非结构性裂缝，单侧每 1 000m 超过 5 处；设计不允许有裂缝的结构出现裂缝或裂缝宽度超过设计要求		
		梁底标高及梁缝	相邻梁底高差偏大（边梁除外），梁缝间隙不均匀等缺陷 1~10 处	0.2~1.0	相邻梁底高差偏大（边梁除外），梁缝间隙不均匀等缺陷累计超过 10 处		
		支座	支座铁件锈蚀 1~6 处	0.2~1.0	1）支座铁件锈蚀超过 6 处；2）支座与梁体脱空		
		进水格栅	进水格栅位置不正 1~10 处	0.2~1.0	进水格栅位置不正超过 10 处		
		混凝土铺装层	桥面混凝土铺装层疏松起壳 1~6 处	0.2~1.0	混凝土铺装层疏松起壳超过 6 处		
5	工程特色	1. 工作量 5 000 万元以上的工程，每增加 1 000 万元可得 0.2 分，最高可得 2 分。 2. 跨越黄浦江、长江的特大型桥梁工程得 1 分。 3.QC 成果，国家级发布得 1 分，交流得 0.8 分；上海市发布得 0.5 分，交流得 0.3 分，取最高分。 4. 采用四新技术、建筑业 10 项新技术，并经评审认定的，每项得 0.5 分，最高可得 2 分				3	
总计得分：						35+3	

注：当目测得分小于 28 分时，否决工程入选资格。

上海市交通类工程优质结构检查评分表（目测观感）　交通表四 –2

地下结构（盾构法隧道、顶管、顶入式地道箱涵）

工程名称：　　　　　　　　　　　　　　检查部位：

施工单位：　　　　　　　　　　　　　　检查人员（签名）：　　　　　　　　检查日期：

序号	检查项目		扣分项目	扣分标准	否决项目	应得分	检查及扣分情况
1	管片及管片拼装	管片外形缺陷	管片缺棱、掉角或作修补的面积大于 100 cm^2 的缺陷 1~15 处	0.2~10.0	管片受损或作修补的缺陷累计超过 15 处； 管片出现纵向受力裂缝	35	
		螺母、螺栓就位	螺母终拧后螺栓丝扣未外露 1~10 处	0.2~10.0	螺母终拧后螺栓丝扣未外露超过 10 处		
		管片衬砌偏差	每公里相邻管片环向错台大于 15mm，相邻管片径向错台大于 10mm，环纵缝张开量大于 2mm 等缺陷 1~20 处	0.2~10.0	相邻管片环向错台大于 15mm，相邻管片径向错台大于 10mm，环纵缝张开量大于 2mm 等缺陷超过 20 处		
2	隧道防水	隧道渗漏	隧道渗漏 1~3 处	0.2~10.0	每 100 环隧道渗漏超过 3 处		
		嵌缝	每 100 环因堵漏作嵌缝（非设计指定的）1~3 处	0.2~5.0	每 100 环因堵漏作嵌缝（非设计指定的）超过 3 处		
3	井接头	井接头渗漏	单个井接头渗漏 1~5 处	0.2~10.0	单个井接头渗漏超过 5 处		
		井接头外形缺陷	单个井接头型体尺寸与表面平整度不合格，有蜂窝麻面或较大孔洞，有露筋，有大于 0.2mm 宽的裂缝及混凝土剥落现象 1~5 处	0.2~10.0	单个井接头型体尺寸与表面平整度不合格，有蜂窝麻面或较大孔洞，有露筋，有大于 0.2mm 宽的裂缝及混凝土剥落现象超过 5 处		
4	旁通道	旁通道渗漏	单个旁通道湿渍 1~5 处	0.2~10.0	单个旁通道湿渍 5 处以上； 单个旁通道渗漏 1 处		
		旁通道	单个旁通道型体尺寸与表面平整度不合格，有蜂窝麻面或较大孔洞，有露筋，有大于 0.2mm 宽的裂缝及混凝土剥落现象 1~5 处	0.2~10.0	单个旁通道型体尺寸与表面平整度不合格，有蜂窝麻面或较大孔洞，有露筋，有大于 0.2mm 宽的裂缝及混凝土剥落现象超过 5 处		
		泵站盖板及爬梯（若有）	单个泵站盖板尺寸缺失或超限、盖板铺设不平整、爬梯设置不合理牢固 1~3 处	0.2~5.0	单个泵站盖板尺寸缺失或超限、盖板铺设不平整、爬梯设置不合理牢固超过 3 处		

序号	检查项目	扣分项目	扣分标准	否决项目	应得分	检查及扣分情况
5	工程特色	1.工作量5 000万元以上的工程，每增加1 000万元可得0.2分，最高可得2分。 2.盾构法隧道涉及重大穿越(运营中的地铁线路、使用中的房屋建筑、航油管、电力隧道、中日美海底光缆、黄浦江防汛墙等）的、小半径（$R \leqslant 500m$）推进的工程得1分。 3.QC成果，国家级发布得1分，交流得0.8分；上海市发布得0.5分，交流得0.3分，取最高分。 4.采用四新技术、建筑业10项新技术，并经评审认定的，每项得0.5分，最高可得2分。			3	
总计得分：					35+3	

注：当目测得分小于28分时，否决工程入选资格。

上海市交通类工程优质结构检查评分表（目测观感） 交通表四 -3

地下结构［地下车站、明（暗）挖隧道、下立交］

工程名称： 检查部位：

施工单位： 检查人员（签名）： 检查日期：

序号	检查项目		扣分项目	扣分标准	否决项目	应得分	检查及扣分情况
1	混凝土	露筋	非主筋外露现象	0.2~2.0	非主筋外露超过 6 处或主筋露筋	35	
		蜂窝	存在蜂窝	0.2~2.0	蜂窝超过 6 处		
		孔洞	存在局部孔洞	0.2~2.0	1. 孔洞超过 3 处 2. 任一处孔洞深度超过截面尺寸 1/3		
		缝隙夹渣	存在缝隙、夹渣现象	0.2~2.0	缝隙、夹渣层超过 3 处		
		裂缝	存在结构裂缝	0.2~3.0	结构表面的非结构性裂缝，单侧每 1 000m^2 超过 5 处；设计不允许有裂缝的结构出现裂缝或裂缝宽度超过设计要求		
		外形缺陷	缺棱掉角、线角不直等缺陷 1~10 处；混凝土地坪存在明显表面平整缺陷；	0.2~2.0	1. 缺陷超过 10 处 2. 混凝土地坪存在明显平整度不足的缺陷＞ 3 处		
		外表缺陷	麻面、掉皮、起砂等缺陷；施工冷缝与色差、不同标号混凝土施工节点；	0.2~2.0	1. 缺陷＞ 10 处 2. 冷缝＞ 5 处 3. 色差＞ 5 处 4. 不同标号混凝土施工节点不规范		
		尺寸与偏位	尺寸不准、偏位等缺陷	0.2~2.0	缺陷超过 6 处		
		修补	批嵌面积大于 200 cm^2 或剁凿、打磨面积大于 600 cm^2 的缺陷	0.2~3.0	每 1 000m^2 超过 5 处，或批嵌面一处超过 1m^2，或剁凿、打磨面一处超过 2m^2		
		接缝处理	施工缝、模板拼缝、钢支撑接头等位置处理不到位	0.2~2.0			
	砌体	块材	块材有裂缝	0.2~2.0	断裂砌块超过 5 块		
		错缝	存在通缝现象	0.2~2.0			
		灰缝	瞎缝、透明缝、假缝等缺陷	0.2~2.0	透明缝、瞎缝数量 3 条以上		
		构造柱	马牙槎漏、错槎等缺陷	0.2~2.0			
		裂缝	存在裂缝	0.2~2.0	有影响结构性能和使用性能的砌体裂缝		
2	防水		结构表面有湿渍	0.2~3.0	1. 湿渍超过 3 处 2. 结构有滴漏、线流水＞1 处		
3	工程特色	1. 工作量 5 000 万元以上的工程，每增加 1 000 万元可得 0.2 分，最高可得 2 分。 2. 超深地铁车站开挖深度超过 25m 得 0.5 分，超过 30m 得 1 分。 3.QC 成果，国家级发布得 1 分，交流得 0.8 分；上海市发布得 0.5 分，交流得 0.3 分，取最高分。 4. 采用四新技术、建筑业 10 项新技术，并经评审认定的，每项得 0.5 分，最高可得 2 分。				3	
					总计得分：	35+3	

注：当目测得分小于 28 分时，否决工程入选资格。

上海市交通类工程优质结构检查评分表（目测观感）水运工程 交通表四 –4

工程名称： 检查部位：

施工单位： 检查人员（签名）： 检查日期：

序号	检查项目	检查或扣分内容	扣分标准	否决项目	应得分	检查及扣分情况
1	钢筋混凝土	混凝土表面露筋	0.2~3.0	1. 混凝土结构非主筋外露超过 6 处或主筋露筋 2. 设计不允许有裂缝的结构出现裂缝	35	
		混凝土有蜂窝麻面、砂斑砂线、松顶露石、表面粗糙、不平整、有严重掉角剥落、有明显修补或涂饰	0.2~3.0			
		混凝土表面有收缩裂缝、龟裂等缺陷	0.2~3.0			
		轮廓线不顺直，有爆模、走模现象和错牙	0.2~3.0			
		分格缝不直，施工缝高低不平、位置不准，有冷缝	0.2~3.0			
		变形缝、伸缩缝未贯通、不顺直，两侧混凝土存在缺陷，缝隙内垃圾等杂物未清除，填缝料不符合设计要求	0.2~3.0			
		有色差及较多色斑，表面有污蚀	0.2~3.0			
		面层表面不平整	0.2~2.0			
		泄水孔标高、位置有偏差、存在堵塞现象	0.2~2.0			
		迎水面不平整，线条不顺直（或不垂直）	0.2~2.0			
2	钢结构	构件大面不平整、线条不顺直，边缘有毛糙，有油污、铁锈	0.2~2.0	钢结构重要焊缝有严重咬肉等缺陷		
		焊缝有溢流、夹渣、咬肉、气孔等缺陷或螺栓连接不符合规范情况	0.2~2.0			
		安装位置有偏差，轮廓线条不流畅	0.2~2.0			
		涂装有色差，涂刷不均匀、皱纹、流滴或缺漏、剥落等现象	0.2~2.0			
5	工程特色	1. 工作量 5 000 万元以上的工程，每增加 1 000 万元可得 0.2 分，最高可得 2 分。 2.QC 成果，国家级发布得 1 分，交流得 0.8 分；上海市发布得 0.5 分，交流得 0.3 分，取最高分。 3. 采用四新技术、建筑业 10 项新技术，并经评审认定的，每项得 0.5 分，最高可得 2 分。			3	
				总计得分：	35+3	

注：当目测得分小于 28 分时，否决工程入选资格。

附录 D–5　交通表五（质控资料）

上海市交通类工程优质结构检查评分表（质控资料）桥梁工程　交通表五 –1

工程名称：　　　　　　　　　　　　检查部位：

施工单位：　　　　　　　　　　　　检查人员（签名）：　　　　　　　　检查日期：

<table>
<tr><th>序号</th><th colspan="2">检查项目</th><th>检查内容</th><th>扣分标准</th><th>否决项目</th><th>应得分</th><th>检查及扣分情况</th></tr>
<tr><td rowspan="5">1</td><td rowspan="5" colspan="2">桩基础</td><td>原材料、成品出厂合格证及现场检验报告</td><td>0.2~1.0</td><td rowspan="16">1. 涉及工程结构安全的资料存有隐患或弄虚作假；

2. 无法保证工程质量真实情况；

3. 桩基完整性报告中一类桩低于 90% 或出现三、四类桩；

4. 由于种种原因导致混凝土构件几何尺寸变化；

5. 进行结构加固补强；

6. 混凝土强度评定不合格；

7. 未按《关于加强本市建设用砂管理的暂行意见》（沪建建材联〔2020〕81 号）执行</td><td rowspan="5">5</td><td rowspan="5"></td></tr>
<tr><td>混凝土抗压试验报告及评定
标养试块强度不得大于设计强度 180%</td><td>0.2~1.0</td></tr>
<tr><td>桩基承载力及桩身质量试验报告</td><td>1.0~3.0</td></tr>
<tr><td>桩位偏差图</td><td>0.2~1.0</td></tr>
<tr><td>分项、分部工程质量验收记录</td><td>0.2~1.0</td></tr>
<tr><td rowspan="11">2</td><td rowspan="11">主体结构</td><td rowspan="5">混凝土</td><td>原材料、半成品出厂合格证及进场检验报告（砂及混凝土拌合物氯离子含量检测）</td><td>0.2~1.0</td><td rowspan="5">5</td><td rowspan="5"></td></tr>
<tr><td>锚夹具、连接器、支座、伸缩缝等成品合格证及进场检验报告</td><td>0.2~1.0</td></tr>
<tr><td>预制梁出厂合格证</td><td>0.2~1.0</td></tr>
<tr><td>混凝土抗压试验报告及评定，标养试块强度不得大于设计强度 180%</td><td>0.2~1.0</td></tr>
<tr><td>预应力筋安装、张拉和灌浆记录</td><td>0.2~1.0</td></tr>
<tr><td rowspan="6">钢结构</td><td>原材料、成品出厂合格证及进场检验报告</td><td>0.2~1.0</td><td rowspan="6">5</td><td rowspan="6"></td></tr>
<tr><td>焊工资格证书</td><td>0.2~1.0</td></tr>
<tr><td>焊接工艺评定及钢结构焊缝检验报告</td><td>0.2~1.0</td></tr>
<tr><td>高强螺栓抗滑移系数检验报告</td><td>0.2~1.0</td></tr>
<tr><td>高强螺栓终拧扭矩检验记录</td><td>0.2~1.0</td></tr>
<tr><td>分项、分部工程质量验收记录</td><td>0.2~1.0</td></tr>
<tr><td colspan="6">总计得分：</td><td>15</td><td></td></tr>
</table>

上海市交通类工程优质结构检查评分表（质控资料） 交通表五 –2

地下结构（盾构法隧道、顶管、顶入式地道箱涵）

工程名称： 检查部位：

施工单位： 检查人员（签名）： 检查日期：

<table>
<tr><th>序号</th><th colspan="2">检查项目</th><th>检查内容</th><th>扣分标准</th><th>否决项目</th><th>应得分</th><th>检查及扣分情况</th></tr>
<tr><td rowspan="2">1</td><td rowspan="2" colspan="2">地基处理</td><td>盾构始发接收地基处理强度检验报告</td><td>0.2~2.0</td><td rowspan="14">1. 盾构法隧道轴线偏差不符合规范要求；

2. 周边建构筑物、管线变形过大，造成严重的社会影响，采取了措施仍未消除；

3. 无法保证工程质量真实情况；

4. 未按《关于加强本市建设用砂管理的暂行意见》（沪建建材联〔2020〕81 号）执行</td><td rowspan="2">5</td><td rowspan="2"></td></tr>
<tr><td>联络通道地基处理强度检验报告（冻结法查冷冻记录）</td><td>0.2~2.0</td></tr>
<tr><td rowspan="12">2</td><td rowspan="12">区间隧道</td><td rowspan="8">隧道结构</td><td>管片出厂合格证及进场验收记录</td><td>0.2~1.0</td><td rowspan="8">5</td><td rowspan="8"></td></tr>
<tr><td>连接螺栓、螺母出厂合格证及进场检验报告</td><td>0.2~1.0</td></tr>
<tr><td>防水材料出厂合格证（质保书）及进场检验报告</td><td>0.2~1.0</td></tr>
<tr><td>钢筋接头试验报告（联络通道、井接头）</td><td>0.2~1.0</td></tr>
<tr><td>混凝土抗压、抗渗试验报告及评定（联络通道、井接头）；
标养试块强度不得大于设计强度 180%</td><td>0.2~1.0</td></tr>
<tr><td>同步注浆和壁后注浆记录</td><td>0.2~1.0</td></tr>
<tr><td>分项、分部工程质量验收记录</td><td>0.2~1.0</td></tr>
<tr><td>隧道轴线贯通测量资料</td><td>0.5~2.0</td></tr>
<tr><td rowspan="4">检测和监测</td><td>隧道沉降测量资料</td><td>0.5~2.0</td><td rowspan="4">5</td><td rowspan="4"></td></tr>
<tr><td>地面沉降、建筑物、管线监测资料</td><td>0.5~2.0</td></tr>
<tr><td>防水渗漏检查记录</td><td>0.5~2.0</td></tr>
<tr><td colspan="6">总计得分：</td><td>15</td><td></td></tr>
</table>

上海市交通类工程优质结构检查评分表（质控资料） 交通表五 –3
地下结构［地下车站、明（暗）挖隧道、下立交］

工程名称： 检查部位：
施工单位： 检查人员（签名）： 检查日期：

序号	检查项目		检查内容	扣分标准	否决项目	应得分	检查及扣分情况
1	地基处理与围护结构		原材料、半成品出厂合格证及进场检验报告	0.2~1.0	1. 涉及工程结构安全的资料存有隐患或弄虚作假； 2. 无法保证工程质量真实情况； 3. 桩基完整性报告中一类桩低于90%或出现三、四类桩； 4. 由于种种原因导致混凝土构件几何尺寸变化； 5. 进行结构加固补强； 6. 混凝土强度评定不合格； 7. 未按《关于加强本市建设用砂管理的暂行意见》（沪建建材联〔2020〕81号）执行	5	
			地基处理、SMW 工法桩强度检验报告	0.2~1.0			
			混凝土抗压、抗渗试验报告及评定； 标养试块强度不得大于设计强度 180%	0.2~1.0			
			地下墙（成槽、成墙）施工记录	0.2~1.0			
			抗拔桩桩身质量试验报告	0.2~1.0			
			工程桩桩身质量试验报告、低应变检测报告	0.2~1.0			
			工程桩桩位偏差图	0.2~1.0			
			分项、分部工程质量验收记录	0.2~1.0			
2	主体结构	混凝土	原材料出厂合格证及进场检验报告（砂及混凝土拌合物氯离子含量检测）	0.2~1.0		5	
			混凝土抗压、抗渗试验报告及评定 标养试块强度不得大于设计强度 180%	0.2~1.0			
			钢筋接头试验报告	0.2~1.0			
			防水材料出厂合格证（质保书）及复试报告	0.2~1.0			
			混凝土结构实体检验资料（同条件养护试块强度、纵向受力钢筋保护层厚度）	0.2~1.0			
			渗漏水治理检查记录	0.2~1.0			
			分项、分部工程质量验收记录	0.2~1.0			
		检测和监测	基坑变形、地面沉降、建筑物、管线监测资料	0.5~2.0		5	
			结构沉降测量资料	0.5~2.0			
			结构裂缝分布图及修补资料	0.5~2.0			
			净空限界复测资料	0.5~2.0			
总计得分：						15	

上海市交通类工程优质结构检查评分表（质控资料）水运工程　交通表五 –4

工程名称：　　　　　　　　　　　　　　检查部位：

施工单位：　　　　　　　　　　　　　　检查人员（签名）：　　　　　　　　检查日期：

序号	检查项目	检查标准	扣分标准	否决项目	应得分	检查及扣分情况
1	测量	测量基线、控制点、水准点及复核资料	0.2~1.0	1. 涉及工程结构安全的资料存有隐患或弄虚作假； 2. 无法保证工程质量真实情况； 3. 桩基完整性报告中一类桩低于 90% 或出现三、四类桩； 4. 由于种种原因导致混凝土构件几何尺寸变化； 5. 进行结构加固补强； 6. 混凝土强度评定不合格； 7. 未按《关于加强本市建设用砂管理的暂行意见》（沪建建材联〔2020〕81 号）执行	15	
	桩基	预制桩、主要原材料质量证明书	0.1~0.5			
		桩的轴线及标高偏差（竣工图）	0.2~1.0			
		施工记录及隐蔽验收	0.2~1.0			
		承载力及桩身质量测试	0.2~5.0			
	地基	地基验槽验收记录、检测资料	0.2~1.0			
		道路堆场的密实度、弯沉值等检测报告	0.2~1.0			
		软土地基的施工记录和地基核载试验报告	0.2~1.0			
2	混凝土及砌体	预制构件和主要原材料出厂合格证、进场复验报告（砂及混凝土拌合物氯离子含量检测）	0.1~0.5			
		钢筋接头试验报告	0.2~1.0			
		试块抗压报告及评定； 标养试块强度不得大于设计强度 180%	0.2~1.0			
		混凝土结构实体检验记录（第三方实体检验、同条件养护试件强度报告、钢筋保护层厚度检验报告等）	0.2~1.0			
		隐蔽工程验收记录	0.1~0.3			
		预应力钢筋、锚夹具、连接器的合格证和进行复试报告	0.2~0.3			
		预应力钢筋、钢绞线安装、张拉及灌浆记录	0.1~0.3			
		预制构件安装及评定	0.1~1.0			
		沉降和位移观测记录	0.1~1.0			
3	钢结构	一、二级焊缝探伤报告	0.2~1.0			
		焊工合格证及焊接材料烘焙记录	0.1~0.3			
		焊钉与钢材焊接工艺评定	0.1~0.3			
		涂装材料质保书及检验报告	0.1~0.3			
		普通螺栓最小拉力荷载复验报告	0.2~1.0			
		高强螺栓抗滑移系数试验报告和复验报告	0.2~1.0			
		高强螺栓终拧扭矩检查记录	0.1~0.3			
4	其他	分项、分部工程验收资料和整体尺度检测资料	0.2~1.0			
总计得分：						

附录 D-6　交通表六（安全防护）

上海市交通类工程优质结构检查评分表（安全防护）　交通表六

工程名称：　　　　　　　　　　　检查部位：

施工单位：　　　　　　　　　　　检查人员（签名）：　　　　　　　　检查日期：

序号	检查项目	扣分项目	扣分标准	否决项目	应得分	检查及扣分情况
1	脚手架	脚手架架体搭设未悬挂验收牌	1.0	1. 施工期间发生安全生产死亡事故； 2. 未按规定设置《建筑业农民工维权告示牌》	1	
		脚手架杆件、拉结点、脚手板、安全网、隔离、防护栏杆、踢脚板等有缺陷	0.2~1.0			
		用钢管扣件搭设悬挑式脚手架	0.2~1.0			
2	防护设施	密目网使用不合格产品，张设不固定严密	0.2~1.0		1	
		建筑本体外防护及周边、卸料平台、吊装坠落区域防护措施有缺陷	0.5~1.0			
		临边防护不严密，预留洞口、坑井、电梯井未设置防护门或未设盖板，通道口未搭设防护棚或搭设不符合规范要求	0.2~0.8			
		深基坑无专项安全措施，基坑支撑不规范，登高设施不规范	0.2~0.8			
		施工人员不按规定佩安全带、戴安全帽	0.1~0.6			
3	施工用电	施工现场电气箱内临电定期巡视检查记录不完整	0.5		0.5	
		各类电箱不符合规范要求，接地、接零和二级漏电保护不符合要求，开关箱不符合“一机、一闸、一漏、一箱”的要求	0.1~0.5			
		危险场所未使用安全电压，照明导线未绝缘并固定，使用花线和塑料胶线，照明线路的回路未采用漏电保护	0.1~0.5			
		施工现场电焊机未使用二次侧降压保护装置	0.1~0.5			
		存在违规用电现象	0.1~0.5			
4	机械设备	各类大中型施工机械，进场报验资料、人员操作证、进场验收记录、机械例行保养记录和检测报告不齐全	0.1~0.5		0.5	
		各类施工机械保险、限位装置不齐全，现场施工机械未悬挂机械验收牌，未张贴操作人员上岗证	0.1~0.5			
5	文明施工	在建工程内有住宿现象	2.0		2	
		工地的围档封闭未按规定设置、污水未经沉淀排放	1.0~2.0			
		有随地便溺、随意抽烟、违规动火等不文明现象	0.5~1.0			
		场地道路不畅通				
		场地无排水系统或未保持通畅				
		材料堆放不整齐或未按规定堆放				
		消防器材未按规定设置或失效、未设置合理的消防通道、动火制度不落实；气瓶等危险品管理有缺陷	0.5~1			
总计得分：					5	

附录E　上海市水务工程优质结构检查评分表（水利）

附录E-1　水利表一（现场质保条件）

上海市水务工程优质结构检查评分表－水利（现场质保条件）　水利表一

工程名称：　　　　　　　　　　检查部位：
施工单位：　　　　　　　　　　检查人员（签名）：　　　　　　检查日期：

序号	检查项目	扣分项目	扣分标准	否决项	应得分	检查及扣分情况
1	施工组织设计及施工方案	现场质量管理制度不齐全、质量责任制不落实	0.2~1.0	无施工组织设计或危险性较大的分部、分项工程施工方案	5	
		主要操作专业工种上岗证书不齐全	0.2~1.0			
		施工组织设计、施工方案审批手续不齐全	0.2~1.0			
		创优施工方案不齐全	0.2~1.0			
2	检测仪器、计量器具管理	检测仪器、计量器具管理台账、校准证书与实物不一致	0.2~1.0			
		校准证书不齐全，或未先检测后使用	0.2~1.0			
		不能满足使用功能和精度要求	0.2~1.0			
3	施工现场标准养护室设置和管理情况	养护室面积、设施、管理等不符合本市规定要求	0.2~1.0			
		试块制作不符合规范和有关规定；砼试块（标养）制作记录不全或不规范	0.2~1.0			
		未按规定做好温度、湿度等相关记录	0.2~1.0			
		未按规定建立试块管理台账	0.2~1.0			
4	测量质量管理	永久水准点和沉降观测点的设置未满足设计或规范要求	0.2~1.0			
			总计得分：		5	

附录 E–2 水利表二（实测）

上海市水务工程优质结构检查评分表 – 水利（实测） 水利表二 –1

工程名称： 检查部位：

施工单位： 检查人员（签名）： 检查日期：

<table>
<tr><th>序号</th><th colspan="2">检查项目</th><th>否决项目</th><th>检查标准（允许偏差）（mm）</th><th>检查情况</th><th>应得分</th><th>实得分</th></tr>
<tr><td>1</td><td rowspan="3">垂直度</td><td>门槽</td><td rowspan="9">合格率低于90%；最大超差值＞1.5倍允许偏差值（特殊情况经设计认定符合设计要求的除外）</td><td><<i>H</i>/1 000 且≤ 10</td><td rowspan="3">检查点数：
合格点数：
实测合格率：</td><td rowspan="3">9</td><td rowspan="3"></td></tr>
<tr><td>2</td><td>闸室墩墙</td><td>H/400</td></tr>
<tr><td>3</td><td>引航道侧墙</td><td>H/400</td></tr>
<tr><td>4</td><td rowspan="2">平整度</td><td>混凝土墩、墙</td><td>5</td><td rowspan="2">检查点数：
合格点数：
实测合格率：</td><td rowspan="2">6</td><td rowspan="2"></td></tr>
<tr><td>5</td><td>浆砌块石墩、墙</td><td>20</td></tr>
<tr><td>6</td><td rowspan="4">重要几何尺寸</td><td>闸孔净宽</td><td>± 10</td><td rowspan="4">检查点数：
合格点数：
实测合格率：</td><td rowspan="4">12</td><td rowspan="4"></td></tr>
<tr><td>7</td><td>闸室净宽</td><td>± 20</td></tr>
<tr><td>8</td><td>排架柱截面</td><td>+8，–5</td></tr>
<tr><td>9</td><td>墩、墙厚度</td><td>+8，–5</td></tr>
<tr><td colspan="6">总计得分：</td><td>27</td><td></td></tr>
<tr><td colspan="8">得分率 = 实得分之和 / 应得分之和 = % 实得分 =（应得分 × 得分率）= 分</td></tr>
</table>

注：1. H 为高度，单位 m。

2. 垂直度：闸室（首）墩墙、引航道侧墙按不低于施工单位（每段）数的 20% 随机均匀分布抽测，且测点数不少于 20 点。

3. 平整度：混凝土墩、墙，浆砌块石墩、墙每施工单元测 2 点；检测频率按不低于施工单元（每段）数的 20% 随机均匀分布抽测，且测点数不少于 30 点。

4. 重要几何尺寸：闸孔堰顶净宽、闸室净宽每孔测 2 点；排架柱截面，墩、墙厚度每一单元测 2 点。

水利表二 –2

序号	检查项目	检查部位	检查记录（实测偏差值）（mm）									
1												
2												
3												
4												
5												
6												
7												
8												

附录 E-3 水利表三（检测）

上海市水务工程优质结构检查评分表 – 水利（检测） 水利表三

工程名称： 检查部位：

施工单位： 检查人员（签名）： 检查日期：

序号	检查项目	检查标准（允许偏差）（mm）	否决项目	检查情况	应得分	实得分
1	混凝土强度	回弹检测结果合格	不合格	检查点数： 合格点数： 实测合格率：	5	
2	钢筋保护层厚度（mm）	+10mm，–7mm	合格率 <90%		10	
				总计得分：	15	

注：1. 闸首、闸室墩墙、引航道、闸首排架、流道内壁各任选 5 个部位做回弹检测。

2. 墩、墙、排架、流道钢筋保护层厚度检测各任选 5 个部位，每个部位测 10 个点。

序号	检查项目	检查部位	检查记录（实测偏差值）（mm）									
1												
2												
3												
4												
5												
6												
7												
8												
9												
10												

附录 E–4　水利表四（目测观感）

上海市水务工程优质结构检查评分表 – 水利（目测观感）　水利表四

工程名称：　　　　　　　　　　　　检查部位：

施工单位：　　　　　　　　　　　　检查人员（签名）：　　　　　　　　检查日期：

序号	检查项目		扣分项目	扣分标准	否决项目	应得分	检查及扣分情况
1	钢筋混凝土	露筋	露筋 1~3 处	0.2~0.6	钢筋外露＞ 3 处	25	
		蜂窝孔洞夹渣	蜂窝、孔洞、夹渣 1~6 处	0.2~1.0	蜂窝、孔洞、夹渣累计＞ 6 处		
		裂缝	裂缝 1~10 处	0.2~2.0	1. 裂缝＞ 10 处； 2. 设计不允许有裂缝的结构出现裂缝或裂缝宽度大于设计要求		
		外形缺陷	缺棱掉角、线角不直等缺陷 1~10 处	0.2~2.0	外形缺陷＞ 10 处		
		外表缺陷	麻面、掉皮、起砂等缺陷 1~10 处； 施工冷缝与色差、不同强度混凝土施工节点； 预埋件材质与防腐处理不达标	0.2~2	1. 缺陷＞ 10 处； 2. 冷缝＞ 5 处； 3. 色差＞ 5 处； 4. 不同强度混凝土施工节点不规范； 5. 预埋件材质与防腐处理不达标＞ 3 处		
		尺寸与偏位	尺寸不准、偏位等缺陷 1~6 处	0.2~1.0	尺寸与偏位缺陷＞ 6 处		
		修补	批嵌面积＞ 200 cm^2 或剔凿、打磨面积＞ 600 cm^2 的缺陷 1~10 处	0.2~2.0	1. 缺陷＞ 10 处 2. 批嵌面一处＞ 1 m^2，或剔凿、打磨面一处＞ 2 m^2		
		止水缺陷	止水位置明显渗漏 1~6 处； 橡胶止水圆孔完全偏入混凝土 1~6 处	0.2~1.0	缺陷＞ 6 处		
2	水工钢闸门结构	面板缺陷	钢闸门面板翘曲，除锈喷涂后仍有明显锈迹爆出 1~6 处	0.2~1.0	缺陷＞ 6 处		
		焊缝缺陷	焊缝有溢流、夹渣、咬肉、气孔等缺陷 1~6 处	0.2~1.0	1. 焊缝缺陷＞ 6 处； 2. 重要焊缝有裂纹、烧穿、严重咬肉等缺陷		
		涂装缺陷	涂层局部脱落、起皮、色差、污染等缺陷 1~10 处	0.2~2.0	涂装缺陷＞ 10 处		
3	砌石结构	外观缺陷	面石形状规则性、平整度差，有通缝，勾缝不均匀等缺陷 1~10 处	0.2~2.0	外观缺陷＞ 10 处		
4	工程特色	1. 工作量 5 000 万元以上的工程，每增加 1 000 万元可得 0.2 分，最高可得 2 分； 2. 中心城区施工场地限制难度大的得 1 分； 3.QC 成果，国家级发布得 1 分，交流得 0.8 分；上海市发布得 0.5 分，交流得 0.3 分，取最高分； 4. 采用四新技术、建筑业 10 项新技术，并经评审认定的，每项得 0.5 分，最高可得 2 分				3	
					总计得分：	25+3	

注：1. 目测观感表由 4 部分组成，总得分为 28 分，采取累计扣分制，缺项的不打分。

2. 目测得分低于 21 分为否决项。

附录 E–5 水利表五（质控资料）

上海市水务工程优质结构检查评分表 – 水利（质控资料） 水利表五

工程名称： 检查部位：

施工单位： 检查人员（签名）： 检查日期：

序号	检查项目	扣分标准	否决项目	应得分	检查及扣分情况
1	钢材出厂合格证、试验报告； 钢筋焊接试验报告及焊条（焊剂）合格证； 水泥备案证、出厂合格证、试验报告； 粗、细骨料试验报告	0.1~2.0	1. 涉及工程结构安全的资料存有隐患或弄虚作假； 2. 无法保证工程质量真实情况； 3. 桩基完整性报告中一类桩低于 80% 或出现三、四类桩； 4. 由于种种原因导致混凝土构件几何尺寸变化； 5. 进行结构加固补强； 6. 混凝土强度评定不合格； 7. 未按《关于加强本市建设用砂管理的暂行意见》（沪建建材联〔2020〕81 号）执行	2	
2	混凝土外加剂出厂合格证及技术性能指标； 铜片等出厂合格证； 止水带、土工布（织物）出厂合格证及复试报告	0.1~2.0		2	
3	金属结构、机电设备出厂合格证（如属委托厂家制作）	0.1~1.0		1	
4	外购预制构件质量证明书及相应报告； 商品混凝土质量证明书及配合比报告（砂及混凝土拌合物氯离子含量检测）	0.1~1.0		1	
5	混凝土抗压、抗渗强度试验报告及统计资料	0.1~2.0		1	
6	砂浆强度试验报告及统计资料	0.1~1.0		1	
7	金属结构焊缝探伤报告	0.1~1.0		1	
8	其他重要（如桩基检测等）检测报告	0.1~1.0		1	
9	地基验槽记录	0.1~1.0		1	
10	混凝土浇筑记录； 打桩记录或灌注桩施工记录； 桩位竣工图	0.1~1.0		1	
11	测量放样记录； 沉降、位移观测记录	0.1~1.0		1	
12	单元工程质量检验评定记录、重要隐蔽（关键部位）单元工程质量等级签证	0.1~2.0		1	
13	水利工程检测报告确认证明未及时开具	0.1~1.0		1	
			总计得分：	15	

附录 E-6 水利表六（安全防护）

上海市水务工程优质结构检查评分表 – 水利（安全防护）　水利表六

工程名称：　　　　　　　　检查部位：

施工单位：　　　　　　　　检查人员（签名）：　　　　　　　　检查日期：

序号	检查项目	扣分项目	扣分标准	否决项目	应得分	检查及扣分情况
1	脚手架	脚手架搭设完成未验收即使用或未悬挂验收牌	0.1~2	施工期间发生安全生产死亡事故	2	
		立杆基础缺底座垫木、无排水措施、扫地杆设置不符合规范				
		脚手架未满铺、材质不符合要求，防护栏杆和踢脚板不符合要求、无内隔离，有翘头板，用钢管扣件搭设悬挑式脚手架				
2	防护设施	密目网产品不合格、残破或张设不符合要求	0.1~2		2	
		基坑支撑不规范、登高设施不规范				
		临边防护不规范、交叉作业无有效隔离措施、通道口防护设施不符合规范				
		安全带、安全帽、安全网使用不规范				
3	施工用电	各类电箱不符合要求	0.1~1		1	
		零地混用、中性点直接接地的电力系统未采用TN–S制，照明设施不符合要求、无二级漏点保护				
		电缆架设、敷设不符合要求				
		变配电室不符合要求				
		照明线路回路未采用漏电保护				
		危险场所未使用安全电压				
4	机械设备	各类机械保养维修差	0.1~1		1	
		各类机械安全防护装置不规范				
		各类起重机械保险及限位装置不规范、吊索具不规范、起吊操作不规范				
5	文明施工	工地的围档封闭未按规定设置、污水未经沉淀排放	0.2~4		4	
		施工现场未与生活区、办公区有效隔离				
		有随地便溺、随意抽烟、违规动火等不文明现象				
		场地道路不畅通				
		场地无排水系统或未保持通畅				
		材料堆放不整齐或未按规定堆放				
		消防器材未按规定设置或失效、未设置合理的消防通道、动火制度不落实；气瓶等危险品管理有缺陷				
				总计得分：	10	

附录 F 上海市水务工程优质结构检查评分表（给排水）

附录 F–1 给排水表一（现场质保条件）

上海市水务工程优质结构检查评分表 – 给排水（现场质保条件） 给排水表一

工程名称： 检查部位：

施工单位： 检查人员（签名）： 检查日期：

序号	检查项目	扣分项目	扣分标准	否决项	应得分	检查及扣分情况
1	施工组织设计、施工方案	施工组织设计、施工方案审批及签字手续不齐全	0.2~1.0	无施工组织设计和危险性较大的分部、分项工程施工方案	5	
		施工组织设计、施工方案未有效实施	0.2~1.0			
		有关专项施工方案未按规定进行技术评审或未按专家评审意见执行	0.2~1.0			
		方案未实行分级交底制度，实施前未书面交底，书面交底未归档保存	0.2~1.0			
		创优施工方案不齐全	0.2~1			
2	材料设备管理	材料设备台账制作不及时	0.2~1.0			
		材料设备台账与实际不相吻合	0.2~1.0			
		混凝土空心砌块、混凝土多孔砖、加气砌块等产品露天堆放没有防雨、防潮措施	0.2~1.0			
		建设工程检测报告确认证明未及时开具	0.2~1			
3	测量仪器及计量器具	检定不及时	0.2~1.0			
		精度不符合工程实际需要	0.2~1.0			
		物证不相符	0.2~1.0			
4	施工现场标准养护室设置和管理	标准养护室的管理制度未健全	0.2~1.0			
		养护室设施和条件不符合规范要求	0.2~1.0			
		养护记录不齐全	0.2~1.0			
		无试块制作记录、同条件试块养护记录、无效试块报告记录	0.2~1.0			
5	建材进场验收情况	材料进场验收手续不齐全	0.2~1.0			
6	其他检查	永久水准点和沉降观测点的设置不符合规范及设计要求，记录不及时	0.2~1.0			
					得分合计：	

附录 F-2　给排水表二（实测）

上海市水务工程优质结构检查评分表－给排水（实测）盾构工程、顶管工程　给排水表二－1

工程名称：　　　　　　　　　　　　检查部位：

施工单位：　　　　　　　　　　　　检查人员（签名）：　　　　　　　　检查日期：

序号	检查项目		检查标准（允许偏差）	否决项目	检查情况	应得分	实得分
1	盾构工程	衬砌环环内错台（mm）	15mm	合格率 <95%	检查点数： 合格点数： 实测合格率：	25	
2		衬砌环环间错台（mm）	20mm				
3	顶管	钢管椭圆度	≤ 1/100D	合格率 <90%	检查点数： 合格点数： 实测合格率：	25	
		承插接口相邻管节错口量（mm）	满足设计计算值				
总计得分：						25	

注：1. 盾构工程抽取不少于 25 环，每环 4 点；顶管工程进抽取不少于 20 节。

2. 合格率满足要求得基准分 22 分，盾构法隧道每增加 1% 加 0.3 分，顶管每增加 1% 加 0.3 分。

序号	检查项目	检查记录（实测偏差值）（mm）									
1											
2											
3											
4											
5											
6											
7											
8											

上海市水务工程优质结构检查评分表 – 给排水（实测）厂站 给排水表二 –2

工程名称： 检查部位：

施工单位： 检查人员（签名）： 检查日期：

序号	检查项目			检查标准（允许偏差）	否决项目	检查情况	应得分	实得分
1	混凝土构件	墙、柱	垂直度	≤ 8mm	合格率 <90%	检查点数： 合格点数： 实测合格率：	20	
2		板、柱、墙	平整度	≤ 8mm				
3		梁、柱、墙	截面尺寸	（+8~–5）mm				
4		预留孔洞中心位移	偏差	≤ 8mm				
5	砌体结构	墙面	垂直度	± 5mm	合格率 <90%	检查点数： 合格点数： 实测合格率：	5	
6		墙面	平整度	混水墙 ± 8mm 砂加气 ± 6mm				
7		灰缝	厚度	± 8mm				
总计得分：							25	

注：1. 总点数不少于 80 点。抽取立柱不少于 5 个，每个不少于 4 个测点；抽取侧墙不少于 20 点。

2. 混凝土结构，合格率 90% 得基准分 18 分，每增加 1% 加 0.2 分。

3. 砌体结构，合格率 90% 得基准分 4 分，每增加 5% 加 0.5 分。

序号	检查项目	检查记录（实测偏差值）（mm）									
1											
2											
3											
4											
5											
6											
7											
8											

附录 F–3　给排水表三（检测）

上海市水务工程优质结构检查评分表 – 给排水（检测）　给排水表三

工程名称：　　　　　　　　　　　　检查部位：
施工单位：　　　　　　　　　　　　检查人员（签名）：　　　　　　　检查日期：

序号	检查项目	检查标准	否决项目	检查情况	应得分	实得分
1	混凝土强度（MPa）	回弹检测结果合格	不合格		6 （4）	
2	钢筋保护层厚度	墩、台允许偏差 ± 10mm	合格率小于 90%，或梁、板类构件最大偏差值大于允许偏差 1.5 倍		6 （4）	
		梁、柱（建筑）允许偏差 （+10~–7）mm				
		板、墙允许偏差 （+8~–5）mm				
3	盾构工程衬砌环椭圆度	允许偏差 ± 8%	不合格		（4）	
				总计得分：	12	

注：1. 混凝土强度：抽取 6 个构件作回弹强度检测，都需满足设计值。
2. 钢筋保护层厚度：梁、板、柱、墙共抽取 6 个构件，每个构件抽查 6 个点（地下结构）。
3. 盾构工程衬砌环椭圆度：抽取 10 环做全断面扫描。
4. 钢筋保护层厚度：得分为 6 分，合格率 90% 得基准分 4 分，每增加 1% 加 0.2 分。
5. 盾构工程应得分为 12 分；混凝土强度：得分为 4 分。钢筋保护层厚度：得分为 4 分，合格率 90% 得基准分 3 分，每增加 1% 加 0.1 分；衬砌环椭圆度得分为 4 分。

附录 F–4 给排水表四（目测观感）

上海市水务工程优质结构检查评分表 – 给排水（目测观感） 给排水表四 –1

盾构工程、顶管工程

工程名称： 检查部位：

施工单位： 检查人员（签名）： 检查日期：

序号	检查项目		扣分项目	扣分标准	否决项目	应得分	检查及扣分情况
1	管材管片及安装	管材、管片外形缺陷	1）管材、管片受损或作修补的缺陷累计 1~15 处； 2）管材、管片出现纵向受力裂缝 1~6 处	0.2~3.0	1. 管材、管片受损或作修补的缺陷累计 > 15 处； 2. 管材、管片出现纵向受力裂缝 > 6 处	35	
		螺母、螺栓就位	螺母终拧后螺栓丝扣未外露 1~20 处	0.2~4.0	螺母终拧后螺栓丝扣未外露 > 20 处；		
2	管道防水	渗漏	1）每 100 环（节）渗漏 1 处； 2）渗漏点 1~10 处	0.2~2.0	1. 每 100 环（节）渗漏 > 1 处； 2. 渗漏点 > 10 处		
		嵌缝	每 100 环（节）因堵漏作嵌缝（非设计指定的）1~10 处	0.2~2.0	每 100 环（节）因堵漏作嵌缝（非设计指定的）> 10 处		
3	井接头	井接头渗漏	单个井接头渗漏 1~5 处	0.2~1.0	单个井接头渗漏 > 5 处		
		井接头外形缺陷	单个井接头型体尺寸与表面平整度不合格，有蜂窝麻面或较大孔洞，有露筋，有大于 0.2mm 宽的裂缝及混凝土剥落现象 1~5 处	0.2~1.0	单个井接头型体尺寸与表面平整度不合格，有蜂窝麻面或较大孔洞，有露筋，有 > 0.2mm 宽的裂缝及混凝土剥落现象 > 5 处		
4	旁通道	旁通道渗漏	单个旁通道渗漏 1~5 处	0.2~1.0	单个旁通道渗漏 > 5 处		
		旁通道	单个旁通道型体尺寸与表面平整度不合格，有蜂窝麻面或较大孔洞，有露筋，有大于 0.2mm 宽的裂缝及混凝土剥落现象 1~5 处	0.2~1.0	单个旁通道型体尺寸与表面平整度不合格，有蜂窝麻面或较大孔洞，有露筋，有 > 0.2mm 宽的裂缝及混凝土剥落现象 > 5 处		
		泵站盖板及爬梯（若有）	单个泵站盖板尺寸缺失或超限、盖板铺设不平整、爬梯设置不合理牢固 1~3 处	0.2~0.6	单个泵站盖板尺寸缺失或超限、盖板铺设不平整、爬梯设置不合理牢固 > 3 处		
4	工程特色	1. 工作量 5 000 万元以上的工程，每增加 1 000 万元可得 0.2 分，最高可得 2 分。 2. 盾构法隧道涉及重大穿越（运营中的地铁线路、使用中的房屋建筑、航油管、电力隧道、中日美海底光缆、黄浦江防汛墙等）的、小半径（R ≤ 500m）推进的工程得 1 分。 3.QC 成果，国家级发布得 1 分，交流得 0.8 分；上海市发布得 0.5 分，交流得 0.3 分，取最高分。 4. 采用四新技术、建筑业 10 项新技术，并经评审认定的，每项得 0.5 分，最高可得 2 分				3	
					得分合计：	35+3	

注：目测得分小于 28 分为否决项。

上海市水务工程优质结构检查评分表－给排水（目测观感）厂站　给排水表四－2

工程名称：　　　　检查部位：

施工单位：　　　　检查人员（签名）：　　　　检查日期：

序号	检查项目		扣分项目	扣分标准	否决项目	应得分	检查及扣分情况
1	混凝土	露筋	非主筋外露 1~6 处	0.2~2	1. 非主筋外露＞6 处； 2. 主筋外露	35	
		蜂窝	蜂窝 1~6 处	0.2~2	蜂窝＞6 处		
		孔洞	孔洞 1~3 处	0.2~2	1. 孔洞＞3 处； 2. 孔洞深度超过截面 1/3		
		缝隙夹渣	缝隙、夹渣 1~3 处	0.2~2	1. 缝隙、夹渣＞3 处； 2. 缺陷深度、长度超规定		
		裂缝	裂缝 1~6 处	0.2~2	1. 裂缝＞6 处； 2. 出现设计不允许的裂缝		
		形缺陷	缺棱掉角、线角不直等缺陷 1~10 处；混凝土地坪存在明显表面平整缺陷	0.2~2	1. 缺陷＞10 处； 2. 混凝土地坪存在明显质量缺陷＞3 处		
		外表缺陷	麻面、掉皮、起砂等缺陷 1~10 处；施工冷锋与色差、不同标号混凝土施工节点；预埋件材质与防腐处理不达标	0.2~2	1. 缺陷＞10 处； 2. 冷缝＞5 处； 3. 色差＞5 处； 4. 不同标号混凝土施工节点不规范； 5. 预埋件材质与防腐处理不达标＞3 处		
		尺寸与偏位	构件连接处、预留孔洞、预埋件尺寸不准、偏位等缺陷 1~6 处	0.2~2	缺陷＞6 处		
		修补	批嵌＞200cm^2 或剁凿、打磨＞600cm^2 的缺陷 1~10 处	0.2~2	1. 缺陷＞10 处； 2. 一处批嵌＞1m^2 或剁凿、打磨＞2m^2		
		接缝处理	施工缝、模板拼缝、钢支撑接头等位置处理不到位 1~6 处	0.2~2	接缝处理不到位＞6 处		
	砌体	块材	外墙面裂缝块材 1~6 块	0.2~2	1. 外墙面裂缝块材＞6 块； 2. 承重墙使用断裂小砌块		
		错缝	通缝 1~6 处	0.2~2	通缝＞6 处		
		灰缝	瞎缝、透明缝、假缝等缺陷 1~3 处	0.2~2	瞎缝、透明缝、假缝等缺陷＞3 处		
		构造柱	马牙槎漏、错槎等缺陷 1~6 处	0.2~2	缺陷＞6 处		
		裂缝	因扰动、干缩等砌体产生裂缝 1~6 处	0.2~2	裂缝＞6 处		
2	防水		1. 湿渍 1~3 处； 2. 结构有滴漏、线流水 1 处	0.2~2	1. 湿渍＞3 处； 2. 结构有滴漏、线流水＞1 处		
3	工程特色		1. 工作量 5 000 万元以上的工程，每增加 1 000 万元可得 0.2 分，最高可得 2 分。 2.QC 成果，国家级发布得 1 分，交流得 0.8 分；上海市发布得 0.5 分，交流得 0.3 分，取最高分。 3. 采用四新技术、建筑业 10 项新技术，并经评审认定的，每项得 0.5 分，最高可得 2 分			3	
总计得分：						35+3	

注：当目测得分小于 28 分为否决项。

附录 F–5 给排水表五（质控资料）

上海市水务工程优质结构检查评分表 – 给排水（质控资料）盾构工程、顶管工程 给排水表五 –1

工程名称： 检查部位：

施工单位： 检查人员（签名）： 检查日期：

<table>
<tr><th>序号</th><th colspan="2">检查项目</th><th>扣分项目</th><th>扣分标准</th><th>否决项目</th><th>应得分</th><th>检查及扣分情况</th></tr>
<tr><td>1</td><td colspan="2">地基处理</td><td>盾构、顶管进出洞地基处理强度检验报告</td><td>0.2~2.0</td><td rowspan="12">1. 涉及工程结构安全的资料存有隐患或弄虚作假，无法保证工程质量真实情况；

2. 盾构工程偏差：轴线、高程偏差 > ± 150mm；顶管工程偏差：轴线、高程偏差 > ± 200mm；

3. 未按《关于加强本市建设用砂管理的暂行意见》（沪建建材联〔2020〕81 号）执行</td><td>5</td><td></td></tr>
<tr><td rowspan="11">2</td><td rowspan="11">区间管道</td><td rowspan="7">结构</td><td>管材、管片出厂合格证及进场验收记录</td><td>0.2~1.0</td><td rowspan="7">5</td><td></td></tr>
<tr><td>连结螺栓、螺母出厂合格证及进场检验报告</td><td>0.2~1.0</td><td></td></tr>
<tr><td>橡胶圈、防水材料出厂合格证（质保书）及进场检验报告</td><td>0.2~1.0</td><td></td></tr>
<tr><td>钢筋接头试验报告</td><td>0.2~1.0</td><td></td></tr>
<tr><td>混凝土抗压、抗渗试验报告及评定</td><td>0.2~1.0</td><td></td></tr>
<tr><td>注浆减阻、同步注浆和壁后注浆记录</td><td>0.2~1.0</td><td></td></tr>
<tr><td>分项、分部工程质量验收记录</td><td>0.2~1.0</td><td></td></tr>
<tr><td rowspan="4">检测和监测</td><td>管道轴线贯通测量资料</td><td>0.5~2.0</td><td rowspan="4">5</td><td></td></tr>
<tr><td>管道沉降测量资料</td><td>0.5~2.0</td><td></td></tr>
<tr><td>地面沉降、建筑物、管线监测资料</td><td>0.5~2.0</td><td></td></tr>
<tr><td>防水渗漏检查记录</td><td>0.5~2.0</td><td></td></tr>
<tr><td colspan="6">得分合计：</td><td>15</td><td></td></tr>
</table>

上海市水务工程优质结构检查评分表 – 给排水（质控资料）厂站 给排水表五 –2

工程名称： 检查部位：

施工单位： 检查人员（签名）： 检查日期：

序号	检查项目		检查内容	扣分标准	否决项目	应得分	检查及扣分情况
1	地基处理与围护结构		原材料、半成品出厂合格证及进场检验报告	0.2~1.0	1. 涉及工程结构安全的资料存有隐患或弄虚作假；无法保证工程质量真实情况； 2. 桩基完整性报告中一类桩低于80% 或出现三、四类桩； 3. 由于种种原因导致混凝土构件几何尺寸变化； 4. 进行结构加固补强； 5. 混凝土强度评定不合格； 6. 未按《关于加强本市建设用砂管理的暂行意见》（沪建建材联〔2020〕81 号）执行	5	
			地基处理、围护桩强度检验报告	0.2~1.0			
			混凝土抗压、抗渗试验报告及评定	0.2~1.0			
			地下连续墙（成槽、成墙）施工记录	0.2~1.0			
			抗拔桩桩身质量试验报告	0.2~1.0			
			低应变检测报告	0.2~1.0			
			桩位竣工图	0.2~1.0			
			分项、分部工程质量验收记录	0.2~1.0			
2	主体结构	混凝土	原材料出厂合格证及进场检验报告（砂及混凝土拌合物氯离子含量检测）	0.2~1.0		5	
			混凝土抗压、抗渗试验报告及评定，标养试块强度大于设计强度 180%	0.2~1.0			
			钢筋接头试验报告	0.2~1.0			
			防水材料出厂合格证（质保书）及复试报告	0.2~1.0			
			混凝土结构实体检验资料（同条件养护试块强度、纵向受力钢筋保护层厚度）	0.2~1.0			
			渗漏水治理检查记录	0.2~1.0			
			分项、分部工程质量验收记录	0.2~1.0			
		检测和监测	基坑变形、地面沉降、建筑物、管线监测资料	0.5~2.0		5	
			结构沉降测量资料	0.5~2.0			
			结构裂缝分布图及修补资料	0.5~2.0			
			净空限界复测资料	0.5~2.0			
得分合计：						15	

附录 F-6 给排水表六（安全防护）

上海市水务工程优质结构检查评分表 – 给排水（安全防护） 给排水表六

工程名称： 检查部位：

施工单位： 检查人员（签名）： 检查日期：

序号	检查项目	扣分项目	扣分标准	否决项目	应得分	检查及扣分情况
1	脚手架	脚手架无专项施工方案、架体搭设无验收、未按设计要求设置安全防护和装置；架体设置未达到消防规范要求	0.2~1	施工期间发生安全生产死亡事故	1	
		特殊类脚手架构造存在违规	0.2~1			
		脚手架杆件、拉结、施工层脚手板等构造有缺陷；防护栏杆、三步踢脚板、四步一隔离、安全网等防护有缺陷	0.2~1			
2	防护设施	建筑本体外防护及周边、吊装坠落区域防护有缺陷	0.5~1		1	
		洞口、临边，电梯井内防护有缺陷	0.2~0.8			
		卸料平台、吊装区域防护措施有缺陷	0.2~0.8			
		登高及高处作业设施有缺陷	0.2~0.8			
3	施工用电	临电验收和定期检查未按规范实施	0.2~1		0.5	
		存在电箱不符合规范要求、未做到三级配电二级保护，以及其他临电配置违规现象	0.1~0.8			
		存在危险场所未使用安全电压，照明导线未用绝缘子并固定，照明工具防护措施缺损，外电防护不符要求等临电防护违规现象				
		存在违规用电现象	0.2~0.8			
4	机械设备	无验收手续及验收合格牌	0.2~1		0.5	
		非常规安装、使用无技术方案				
		限位保险、电器防护缺损				
		附墙、缆风绳、通讯等安全装置缺损	0.2~0.8			
		平台临边、防护门、转动机构等安全防护缺损				
		日常维保、机况机貌差				
5	文明施工	在建工程内有住宿现象	0.2~2		2	
		工地的围档封闭未按规定设置、污水未经沉淀排放	1~2			
		有随地便溺、随意抽烟、违规动火等不文明现象	0.5~1			
		场地道路不畅通				
		场地无排水系统或未保持通畅				
		材料堆放不整齐或未按规定堆放				
		消防器材未按规定设置或失效、未设置合理的消防通道、动火制度不落实，气瓶等危险品管理有缺陷	0.5~1			
得分合计：					5